蝴蝶的世界

它们的自然史与多样性

[加拿大] 罗纳德·奥伦斯坦 著

[瑞 士] 托马斯·马伦特 摄影

崔凤娟 刘仙丽 译

红缘黄灰蝶

封面：阿尔豆粉蝶

封底：黑红黑珍蝶

中国科学技术出版社

·北 京·

图书在版编目（CIP）数据

蝴蝶的世界：它们的自然史与多样性 /（加）罗纳德·奥伦斯坦著；（瑞士）托马斯·马伦特摄影；崔凤娟，刘仙丽译．-- 北京：中国科学技术出版社，2025. 8. -- ISBN 978-7-5236-1444-0

I. Q964-49

中国国家版本馆 CIP 数据核字第 2025GW3576 号

著作权合同登记号：01-2025-2470

策划编辑	张耀方
责任编辑	张耀方
封面设计	麦莫瑞文化
正文设计	中文天地
责任校对	邓雪梅
责任印制	李晓霖

出　　版	中国科学技术出版社
发　　行	中国科学技术出版社有限公司
地　　址	北京市海淀区中关村南大街 16 号
邮　　编	100081
发行电话	010-62173865
传　　真	010-62173081
网　　址	http://www.cspbooks.com.cn

开　　本	889mm × 1194mm　1/16
字　　数	380 千字
印　　张	14
版　　次	2025 年 8 月第 1 版
印　　次	2025 年 8 月第 1 次印刷
印　　刷	北京博海升彩色印刷有限公司
书　　号	ISBN 978-7-5236-1444-0
定　　价	128.00 元

目录

蝴蝶简介

想象一下，倘若蝴蝶与黄油存在某种关联，就像爱丽丝在镜中遇到的面包和蝴蝶（面包形状的蝴蝶）一样，那会是一件多么美妙的事情。“butterfly”（蝴蝶）一词有可能源于古英语单词 buttorfleoge，也许是受到了硫黄蝶，即钩粉蝶黄油色翅膀的启发。另一种说法是，在牛奶桶周围盘旋的蝴蝶实际上是女巫变的，她们来偷吃奶油。“caterpillar”（毛毛虫）这个奇特的词，据说来自古法语 chatepelose，意思是“毛茸茸的猫”，或者笼统地称为“毛球”。它还可能来自“cate”（食物）和“piller”（掠夺），表示毛毛虫那贪婪的胃口。不过，这些说法的真实性并不确定。

一直以来，人们都把蝴蝶看作是短暂生命的象征。对于黑脚族（Blackfoot，北美印第安人的一支，现居住在美国蒙大拿州和加拿大艾伯塔省的居留地。译者注）而言，蝴蝶是梦的使者。在中国西南部苗族人的创世神话中，人类本身就源自蝴蝶母亲的卵。在中国，蝴蝶象征着长寿、美丽和高雅。一对蝴蝶象征着永恒的爱情，最著名的是 1600 多年前的梁山伯与祝英台的传说，他们死后化作了蝴蝶。

从日本到墨西哥，蝴蝶的生命周期都暗含着出生、死亡与重生的轮回。君主斑蝶抵达墨西哥越冬地的时间恰逢亡灵节，因此墨西哥人相信这些到来的昆虫是逝者灵魂的探访。前哥伦布时期（指哥伦布发现美洲大陆之前美洲的历史。编者注），墨西哥中部的人们崇拜花神索奇克察尔（Xochiquetzal），并将她与二尾虎纹凤蝶相提并论。因为这种蝴蝶既拥有吸引花朵的魅力，又具备战士般的侵略性，正如索奇克察尔是花神，同时也是一位战士。

蝴蝶已成为遗传学、生态学和进化生物学研究领域的模式生物。工程师们一直在设法复刻它们的飞行过程。设计师们在研究蝴蝶翅膀如何有效地使水滴从身体表面滑落的原理，以开发具有防雾和防污表面的材料。这些材料无论是在医疗导管还是在核电站领域都有广泛应用。热带美洲闪蝶结构复杂、绚丽多彩的翼鳞引起了研究者，特别是中国研究者的关注。他们对其进行深入研究，希望能应用于设计反光表面和蒸汽探测器——因为这些鳞片暴露在不同气体中时，其绚丽的色彩会发生变化。

几百年来，蝴蝶一直被视为一种神奇的生物，我们至今仍在不断探索它们的神奇之处。

蝴蝶属于什么

作为昆虫的一员，蝴蝶展现了昆虫这一动物群体的典型特征。它们的体表（即外骨骼）由一种叫作几丁质的多糖制成；身体分为头、胸和腹三节；六足与胸部相连；呼吸系统由一系列气管组成，并贯穿身体，与沿身体两侧分布的气门相通；头部有一对触角；以及一套由心脏支撑的开管式循环系统，通过该循环系统，心脏将血淋巴泵送至蝴蝶身体的各个部位。与大多数昆虫一样，成虫（蝴蝶）拥有一对复眼和两对翅膀，即前翅和后翅，分别生于胸部的第二和第三节。

蝴蝶实为蛾类。这一说法或许令人惊讶，但从演化角度来看，蝴蝶只是蛾类家族中一个昼行分支——该分支包含约 17500 个物种，分属 6 或 7 个科，而整个蛾类则拥有约 20 万个物种，涵盖超过 125 个科。蝴蝶与蛾类同属鳞翅目，其名称源于覆盖翅膀的微小叠瓦状鳞片。蝴蝶属于蛾类的高级演化谱系，该谱系包含了现存 99% 的鳞翅目物种。除极少数原始蛾科外，成年鳞翅目昆虫均无功能性咀嚼颚，大多数演化出可卷曲的“舌状”喙管，适于吸食花蜜及其他液体。辨别蝴蝶与其他蛾类的最简易的方法是观察触角：多数蛾类触角末端呈钝圆或羽状，而几乎所有（并非绝对）蝴蝶触角末端都带有棒状膨大结构，弄蝶科的触角在此基础上还有须状延伸。

蝴蝶和飞蛾属于完全变态类昆虫，这意味着它们的生命会经历卵、幼虫、蛹和成虫四个阶段。完全变态昆虫统称为内翅总目，包括双翅目的苍蝇，鞘翅目的甲虫，膜翅目的蜜蜂、黄蜂和蚂蚁，以及一些较小的目，其中与蝴蝶和蛾类最为接近的是毛翅目。内翅总目大约有 85 万种，占据了地球上已知动物物种的一半以上。

蝴蝶的崛起

自从有了花，就有了蝴蝶。蝴蝶的出现伴随着一个伟大的进化事件：被子植物（如今地球上占主导地位的开花植物）的多样化和扩散。花朵吸引昆虫来传播花粉，并以花蜜作为回报。这些开花植物也被吸食花蜜的鸟类和蝙蝠所拜访，但那是开花植物出现数百万年以后的事了，最先与它们合作的是昆虫。

如今，最原始的蛾类在成虫时仍保留有功能性的咀嚼式口器，幼虫以苔藓和松柏等不开花植物为食。成虫后，它们转向食用被子植物及其花朵。由于蝴蝶和蛾类的化石较为罕见，因此关于它们的历史我们知之甚少。最近的研究通过使用分子钟来测量进化时间，发现鳞翅目昆虫及其最近的亲属石蛾（毛翅目），在三叠纪晚期（约 2.3 亿年前）就相互分化了。已知最早的蛾类化石马氏古翅鳞蛾（Archaeolepis mane），可追溯到 1.9 亿年前的侏罗纪早期。据推测，现代蝴蝶的起源最早可以追溯到白垩纪早期，那时开花植物正处于一场爆发式的进化之中。到了白垩纪晚期，即已知最古老的蝴蝶化石出现的时代，蝴蝶和开花植物间的合作关系已稳固地确立了。从那时起，蝴蝶成虫几乎都以被子植物的花蜜为食，而它们的幼虫则以被子植物的叶片为食。

通过分析蝴蝶幼虫所取食的植物种类，我们能窥见蝴蝶进化历程的一些线索。蝴蝶在为幼虫选择寄主植物时表现得相当保守，一旦它们适应了某个植物家族的独特化学环境，往往会长时间地保持这种选择。不过，蝴蝶家族也会改变原来的选择，转向其他植物，有时又会回归到最初的选择。比如，弄蝶科的幼虫喜欢以单子叶植物为食，如草类和棕榈树。尽管这种食性的转变可能只发生过一次，但如今超过半数的弄蝶幼虫都以草及其亲缘植物为食。

尽管如此，它们的保守性让我们能够对蝴蝶的祖先及其最初的寄主植物进行一些合理的推测。目前，凤蝶科普遍被认为是现存蝴蝶中最古老的蝴蝶家族。基于凤蝶目前所摄取的食物种类，有学者推测它们祖先的寄主植物可能与马兜铃科植物有关。墨西哥的短角宝凤蝶是现存的最古老的凤蝶，它们的幼虫以金合欢树叶为食。然而，大约6800万年前短角宝凤蝶出现时，金合欢树可能尚未存在。短角宝凤蝶的近亲会在景天科植物上产卵，这个植物类群的历史与短角宝凤蝶本身一样悠久。因此可以推测，最早的蝴蝶幼虫可能以古老的景天科植物为食。

蝴蝶家族

蝴蝶曾被划分为多个科，但现代科学家普遍认为它们主要归属于六个科：凤蝶科（Papilionidae）、弄蝶科（Hesperiidae）、粉蝶科（Pieridae）、蛱蝶科（Nymphalidae）、灰蝶科（Lycaenidae）以及蚬蝶科（Riodinidae，之前被视为灰蝶科下的一个亚科）。关于弄蝶与其他蝴蝶科的亲缘关系，目前仍存在争议。传统上，所有非弄蝶科的蝴蝶都被归入庞大的凤蝶科，而弄蝶则被视为与之相近的另一个超科——弄蝶科的成员。然而，如果依据最近的分子研究结果来看，凤蝶科而非弄蝶科是首个从蝴蝶主系中分化出来的家族，那么弄蝶科可能应被重新归类为凤蝶科的一部分。

20世纪80年代，人们意识到（后经分子研究证实），美洲热带昆虫中的一个小家族，即丝角蝶科或者叫飞蛾类蝴蝶，可能并不是碰巧长得像蝴蝶的飞蛾，而是蝴蝶的一个古老分支。这些昆虫要么过着夜行生活，要么保持着夜行生活方式（虽然至少有两个种类也会在白天活动），这使情况变得更加复杂。丝角蝶成虫的外表酷似典型的蛾类（体型瘦小，翅膀较长），触角呈毛发状或羽毛状，而非棒状。然而，它们的幼虫和蛹却具有许多类似蝴蝶的特征，如用来悬挂蛹的燕尾状丝带。目前已知的丝角蝶种类只有35~40种，都属于丝角蝶属。它们现在通常被归入丝角蝶总科，是凤蝶总科的近亲。最近的一项研究表明，丝角蝶实际上属于凤蝶科，是弄蝶的近亲。如果该理论被证实，那将意味着它们类似飞蛾的特征（以及夜间活动的习性），可能是从在白天活动的蝴蝶祖先那里二次进化得来的。

大约1.1亿年前，凤蝶首次出现在地球上，随后约500万年，粉蝶相继出现，而庞大的弄蝶家族则在粉蝶后300万年才出现。现代蝴蝶科系的建立，早在灰蝶与蚬蝶分家前，约8800万年前就已经完成。到6500万年前的白垩纪末期，弄蝶科已经分化成了不同的亚科。如果时光旅行者能够穿越到恐龙时代的最后几天，他可能会见到我们今天所熟知的所有蝴蝶种类。

蝴蝶的翅膀与飞行

蝴蝶的翅膀由双层薄膜构成，并由辐射状分布的空心管状翅脉支撑。新羽化的蝴蝶会通过富含神经和气管的翅脉泵送血淋巴，以展开翅膀。在翅脉之间，延伸着翅室。专家们使用特定的名称和数字来描述这些翅脉和翅室的排列。在许多蛾类中，后翅上存在一个连接机制，即翅缰附着在前翅上的翅缰钩上。除了澳大利亚的黄斑黑弄蝶，其他蝴蝶通常不具备翅缰或翅缰钩。在其他蝴蝶（以及较大的蛾类）中，翅膀相互重叠，能够独立运作，无需这种连接机制，特别是在滑翔时。

翅膀具备一些出人意料的功能。例如，蛤蟆蛱蝶属的蝴蝶在飞行中，会利用两条膨胀的前翅脉管发出响亮的“啪啪”声。每条翅脉内含一个螺旋结构，当两翅相交时，它们可以独立地发出声音，或者相互撞击产生声响。接收这些声音的“耳朵”则是翅膀上的鼓膜结构。

蝴蝶的飞行肌并没有直接附着在翅膀上。除了最古老的昆虫种群（如蜻蜓），其他所有昆虫种群的翅膀都是通过一种类似小跷跷板的杠杆机制附着在胸壁上。两对肌肉改变胸壁的形状，像杠杆一样围绕支点摆动翅膀。一对肌肉从前向后拉动胸腔，使其表面向上弯曲，带动翅膀向下运动。另一对肌肉将胸腔的顶部和底部拉近，使胸壁向相反方向弯曲，推动翅膀向上。

第二组肌肉带动整个系统振动，使得第一组肌肉的工作量大大减少。这种间接的飞行机制显然是随着昆虫获得折叠翅膀的能力而进化的，比如，甲虫可以将后翅折叠在由前翅形成的硬壳下面。蜻蜓没有这种能力，而蝴蝶则失去了这种能力。

蝴蝶拥有四片扁平的翅膀，其飞行方式与鸟类不同（尽管与蜂鸟的飞行技巧颇为相似）。它们的翅膀通过在前缘制造空气涡流来产生升力。由于蝴蝶的翅膀相对较大，下扑时产生的升力超过了它们的所需，会导致在空中摇摆。只有在起飞的那一刻，它们的飞行才会显得特别平稳，因为此时几乎蝴蝶的整个身体都参与到升空过程中来。一旦升至空中，它们便能获得一定程度的稳定性，特别是在大风天气中，因为它们的翅膀每次拍动都会弯曲，从而消耗掉可能引起失控的能量。这种飘忽不定的飞行方式也有其益处，能使捕食者更难捕捉到蝴蝶。而对于像闪蝶这类色彩艳丽的蝴蝶而言，当阳光照射到它们的翅膀上时，这种不稳定性能够增强翅膀的闪烁效果。

小红蛱蝶是一种飞行能力很强的长途迁徙蝴蝶，也是世界上分布最广的蝴蝶，其非凡的飞行能力已经引起了美国空军的关注。因此，美国空军为研究小红蛱蝶的飞行机制提供了资金支持。相较于小红蛱蝶的自然历史，美国空军更感兴趣的是其飞行能力在微型飞行机器人（微型飞行器）开发中的应用前景，这种机器人有望复制小红蛱蝶在空中展现的惊人机动性。

小红蛱蝶的翅膀每秒振翅 20~25 次。相比之下，大菜粉蝶的振翅频率较慢，大约每秒 10 次，这一速度不足以支撑其进行盘旋飞行——这解释了为何蝴蝶通常不会盘旋。与此形成鲜明对比的是，某些小黄蜂每秒可拍打翅膀高达 400 次，这赋予了它们出色的盘旋能力。在风平浪静的天气条件下，蝴蝶很少连续不断地振翅。在一次连续振翅之后，它们通常会将翅膀抬起，保持 V 形姿态，然后向前滑翔，直到需要开始再次振翅。这种飞行方式大大提高了它们的飞行效率，当然，微型飞行器的设计者在设计时也未忽略这一点。

约翰斯·霍普金斯大学（Johns Hopkins University）的研究生蒂拉斯·林（Tiras Lin）运用高速摄像技术，对小红蛱蝶在飞行中的扭转和转弯行为进行了深入分析。2012 年，林发现蝴蝶在飞行中调整翅膀的方式，与旋转中的溜冰运动员运用手臂的方式极为相似。当溜冰者将双臂收拢至身体时，旋转速度会加快，而当双臂伸展时，旋转速度则会减缓。手臂的运动重新分配了溜冰者的体重，进而调整了她的运动惯量，这一物理量是决定旋转速度的关键因素。蝴蝶和鸟类似乎也在用翅膀做同样的事情。大众的传统观念认为，蝴蝶轻盈的翅膀不会对其整体重量分布产生显著影响，林的研究却证明了这一观念的错误性。即便小红蛱蝶的翅膀仅占其体重的 7%，它们依然能够显著地影响蝴蝶的飞行。

蝶翅的鳞片和颜色

蝴蝶的翅膀膜两侧密布着成千上万的微小鳞片，这些鳞片的长度通常约为 100 微米，宽度约为 50 微米（人类的头发直径在 20~180 微米）。在同一只蝴蝶的翅膀上，鳞片的形状和尺寸也存在显著差异。瓦片状排列的鳞片能够使翅膀上的水滴迅速流落。鳞片颜色主要有三种形成机制：翅膀内储存的色素（色素色），对光线的反射和衍射（结构色），或二者兼有（混合色）。雄蝶的翅膀褶皱处有一种独特的鳞片，称为发香鳞（androconia），在求偶时它们会释放信息素。发香鳞的位置和结构在不同种类的蝴蝶中差异显著，特别是在蚬蝶科蝴蝶中。

鳞片通常由两层甲壳素构成，中间夹着管状血管。下层鳞片表面相对平滑，而上层则可能展现出复杂而精细的微观结构。在那些含有黑色素的鳞片中，这种微观结构增强了光线吸收能力，赋予了蝴蝶一种深邃如天鹅绒般的黑色，如英雄翠凤蝶（Papilio ulysses）。大多数蝴蝶的翅膀由两层鳞片构成，上层作为覆盖层，下层作为底层。翅膀上的黑色、红色和黄色来源于底层鳞片中的色素。蝴蝶翅膀色素的合成通常遵循一定的顺序——黑色素、眼色素、蝶呤和黄酮类化合物。不过，眼灰蝶亚科的一些眼灰蝶并没有遵循这一顺序来合成翅膀色素，它们会在幼虫阶段就从食用植物中吸收类黄酮类化合物。鳞片中所含色素的种类取决于其成熟所需的时间，以及当它准备吸收色素时，环境中哪些色素是可获取的。

绿色和蓝色通常归类为结构色，但某些螯蛱蝶的绿色属于色素色，而云上端红蝶翅膀下方的绿色，实际上是黄色和黑色色素鳞片相互交融的混合色。至于白色和银色，如菜粉蝶的白色和尖翅银灰蝶翅膀下的银色，均属于结构色，是由于鳞片对宽谱光的反射作用而产生的。

雄性紫闪蛱蝶的翅膀上闪耀着彩虹般的光泽，这得益于其翅膀鳞片的特殊结构。这些鳞片上排列着每毫米高达1200条的平行脊线。每条脊线由10层微薄的甲壳素构成，中间有气孔隔开。光线穿透角质层和空气层时，会以不同的角度发生折射。由于折射和干涉效应，其他颜色被抵消，仅反射出紫色和紫外线——这些颜色对人类来说不可见，但对蝴蝶而言却清晰可见。在领地占领的飞行过程中，随着翅膀与太阳光线角度的不断变化，色彩会忽明忽暗。

自然界中最亮丽的色彩——闪蝶属蝴蝶的蓝色，同样是以这种方式产生的。它们产生虹彩的鳞片上的脊线每毫米多达2000条。在大多数闪蝶中，这些鳞片是底层而非覆盖层的一部分，尖翅蓝闪蝶的覆盖层甚至已完全缺失。闪蝶的翅膀相对于其体型来说非常大。在飞行中，展开的翅膀不断吸收阳光，从而产生耀眼的闪光效果，以此来吓退天敌。不过，着陆后，闪蝶会紧紧地折叠翅膀，只露出斑驳的棕色下腹。据说，挥动一条蓝色丝巾能够吸引雄性闪蝶的注意。

蝶翅的花纹与遗传

蝴蝶翅膀上的每一片鳞片，就像电脑屏幕上的一个像素，仅显示一种颜色。确定其图案的遗传指令，类似于计算机代码，通过设置每个鳞片的颜色来描绘“屏幕”上的二维图像。在相对较新的进化发育生物学（简称“进化－发育”）领域，科学家们利用蝴蝶翅膀的图案来研究基因蓝图转化为人体分化结构的方式。

20世纪20年代，俄国的鲍里斯·施万维茨（Boris Schwanwitsch）和德国的弗里茨·萨弗特（Fritz Suffert）两位科学家分别发现，蛱蝶无数的翅膀图案是一组保守的同源元素的多样化，这些产生于大约9000万年前的元素，现在被称为蛱蝶平面图（NGP）。蛱蝶平面图由一系列与翅缘大致平行的同心带组成。靠近边缘的一条带子在翅脉穿过翼膜的地方断开，在每个翅室内留下一系列同心圆，形成一个眼斑。蛱蝶的所有翅纹都可以通过删除或更改个别元素从蛱蝶平面图衍生出来，这只需要在进化过程中稍作调整即可实现。

最初的蛱蝶平面图由12个基因组成的复合体控制。在进化历程中，一些种群失去了部分基因，并重新部署剩余的基因，以取代那些丢失基因的功能。不过，所有的种群都保留了眼斑这一特征。

偏瞳蔽眼蝶是一种被研究颇多的非洲蝴蝶。通过对这种蝴蝶的研究，人们发现有一种基因是翅纹形成的核心基因，不过矛盾的是这种基因被叫作无翅基因（*wg*）。无翅基因产生一种蛋白质，也叫无翅蛋白（不是专有名词），它是一种形态发生素，是发育变化的产生者和控制者。无翅蛋白在翅缘附近产生，并向内（基部）和向外（边缘）扩散。在扩散过程中，每个发育中的鳞片都会接受不同浓度的形态发生素。无翅蛋白并不是蝴蝶体内唯一的形态发生蛋白。在不同的蝴蝶物种中，其他形态发生蛋白也至关重要，其作用过程基本相同。

那眼斑又是怎么回事呢？为什么我们一眼看到的不是平行于翅缘的条纹，而是围绕着中心点的圆圈？这已成为一个关键的进化发育学问题。一种理论认为，某个突变破坏了原本连续的组织带，使无翅的形态发生素变成了一系列独立的小点。在这个组织带内，形态发生器如同池塘中的涟漪一般，从每个小点向四周扩散。周围正在发育的鳞片被“误导”，形成了彩色的环状图案，而非单一的带状图案。从色带向眼斑的转变可能非常迅速。如果形成较大的眼斑，能够吓退捕食者，那么这种特征的基因在进化过程中就会被强化，使其看起来更像真正脊椎动物的眼睛。

蝴蝶的拟态与原型

君主斑蝶以其“不可食用”著称。在漫长的进化过程中，君主斑蝶及其近缘种类的基因至少经历了两次显著的转变（其中君主斑蝶自身更是历经了三次），这些转变极大地增强了它们对有毒植物化合物强心苷的耐受性。这些蝴蝶的幼虫以富含强心苷的马利筋为食，并将这些毒素巧妙地储存在自己体内。如此一来，无论是幼虫还是成虫，都成了那些饥肠辘辘的鸟类的有毒餐食。与这一生存策略相适应，蝴蝶们逐渐进化出了醒目的警戒色，而鸟类也相应地学会了敬而远之。

这为其他蝴蝶带来了一个进化的契机。倘若它们能够成功让那些“有经验”的鸟类相信自己也是君主斑蝶，那么它们就安全了。那些曾经品尝过君主斑蝶滋味的鸟儿，自然不愿再次冒险，去体验那种不愉快的感觉。因此，它们很可能会对那些外观与君主斑蝶相似，但实为可食用的蝴蝶敬而远之。而对于那些捕食者并不熟悉的“不可食用”蝴蝶来说，如果它们选择自行进化出独特的警戒图案，捕食者学会辨别的过程可能较为漫长；但如果它们选择模仿君主斑蝶的警戒色，那么这个过程就会大大缩短。

简而言之，广泛且精准的模仿（拟态）行为，是蝴蝶进化过程中一个极其普遍、常见的现象。蝴蝶的拟态可以区分为两大类型，尽管其界限并非泾渭分明。第一个类型是贝茨拟态（Batesian mimicry），由 19 世纪伟大的博物学家、探险家及旅行作家亨利·沃尔特·贝茨（Henry Walter Bates）率先提出。在贝茨拟态中，一个模仿者本来无毒却以有毒物种为原型进行巧妙地伪装模仿。第二个类型被称为穆勒拟态（Müllerian mimicry），由德国巴西裔博物学家弗里茨·穆勒（Fritz Müller）于 1879 年首次阐述。穆勒拟态是指两种有毒的物种互相模仿，从而共同承担在捕食过程中会遇到的风险。

黑斑大翅蛾，秘鲁，马努国家公园（丝角蝶科）

上图这只黑斑大翅蛾，要么是蝴蝶的近亲，要么是已经适应了夜间活动，过着类似飞蛾的生活方式。

北美线蛱蝶属的蝴蝶，至少经历了三次拟态进化（并且至少一次放弃了原有的拟态）。其中，红斑蝶成功模仿了君主斑蝶的外观，它们在美国南部以一种更深的颜色出现，模仿了君主斑蝶的红木色近亲——女王斑蝶和热带女王斑蝶。长期以来，线蛱蝶一直被认为是贝茨拟态的典范，尽管它本身可能也有毒。

在热带地区，存在着一个错综复杂的拟态环境，叫作拟态环，其中的生物彼此间展现出惊人的相似性，即便是训练有素的专业观察者和经验丰富的捕食者，也难以轻易地将它们区分开来。在中美洲与南美洲，聚集了大约 200 种橙、黑、黄三色相间的长翅“虎斑拟蝶类”生物，这些生物包括飞蛾、来自多个科的蝴蝶，甚至还有豆娘属的成员。它们的外观极其相似，令人惊叹。在东南亚，凤蝶与日飞蛾则巧妙地模仿了那些带有黑色与蓝色条纹的君主斑蝶的近亲。在厄瓜多尔的热带雨林中，更是可能存在着多个这样的拟态环。每个拟态环都精准地定位在幼虫所食植物生长的高度，环中成员在不同高度的树木间翩翩起舞。一些南美拟态环的成员在夜晚会聚集在一起栖息。当黄昏降临，蝴蝶们纷纷聚集在一起，这种壮观的景象可能会吸引捕食者的注意。然而，这恰恰也是它们的一种生存策略——通过“警示”捕食者，从而间接地保护了栖息地内其他蝴蝶的安全。

贝茨拟态者的数量必须始终比其模拟的原型更少。一旦美味的模仿者数量过多，捕食到有毒物种的概率就会大大下降，那么捕食者或许永远学不会拒绝捕食它们。这或许正是贝茨拟态者选择模仿不同原型的原因，拟态者选择不同的拟态形式，从而确保没有任何一种形式会过度普遍。相比之下，穆勒拟态者因自身带毒，并不受此限制。不过，值得注意的是，虽然亚马孙的羽衣袖蝶应该属于穆勒拟态，但是这种蝴蝶的拟态却多达七种。

在众多凤蝶以及部分粉蝶中，拟态者的角色往往由雌蝶担任。以非洲白凤蝶为例，其雌蝶展现出非凡的模仿能力，能够在非洲的不同地域模仿出不同蝴蝶的形态。而在北美洲，尽管美洲虎纹凤蝶普遍以黄黑相间的斑纹著称，但不容忽视的是，其中相当一部分雌蝶却完全摒弃了黄色，转而以一身黑色示人。这些黑色的雌性个体，巧妙地运用了贝茨拟态策略，模仿了它们那含有毒素的近亲——美洲蓝凤蝶的外观。这种显著的色彩变化实际上是由一个特定的、与雌性性别紧密相关的基因所调控。该基因通过抑制一种关键酶的活性，阻断凤蝶色素的生成路径，而凤蝶色素是参与黄色色素合成的重要物质。

贝茨拟态者的数量需要保持稀少，而当仅雌性个体表现出拟态特征时，其数量将更少。在穆勒拟态中，雌性相较于雄性更容易受到伤害，因为它们需要寻找合适的产卵地。雄性个体或许需要保持独特的颜色图案，以便被潜在的配偶所识别，因此，雄蝶可能更多地依赖于敏捷性来逃避捕食者的追捕，而非模仿。由此，无论是哪种拟态，雌性拟态者相较于雄性拟态者都更多。

然而，对于所有拟态生物而言，识别配偶或许并非难题。例如，在由羽衣袖蝶与苹绡蝶属（Melinaea）蝴蝶构成的穆勒拟态复合群体中，羽衣袖蝶的翅膀呈现出七种可能的图案，恰好与苹绡蝶属的七个物种一一对应。这些蝴蝶在寻觅配偶时，展现出了超乎寻常的观察力，它们甚至能捕捉到成员间那些细微至极的差异，这种能力甚至超越了善于择食的鸟类。再如，在东安第斯山脉，红带袖蝶亚种与白袖蝶的外观极为相似，但两者却鲜少发生杂交现象。或许，是化学信号或不同的行为习性使它们保持了一定的距离。

拟态现象可能同时涵盖行为与外观的模拟。红珠凤蝶，口感不佳，飞行速度相对迟缓，翅膀振动的幅度比它的一些近亲更大。雌性玉带凤蝶（Papilio polytes）在外观与飞行方式上均高度模仿红珠凤蝶，形成了显著的拟态效果，但雄性玉带凤蝶却并未模拟这一模式，它们仍保持快速飞行。

拟态能力的进化或许仅需一个基因的微妙调整。“optix”基因控制着许多种类蝶翅图案的变化。单一“optix”基因的突变便足以重塑袖蝶的整体外观，实现颜色图案的彻底更迭。如果条件适宜，这种突变甚至可能使袖蝶成功模拟其他物种的外观特征。回溯至一百万年前，上新世晚期的南美洲，红带袖蝶与艺神袖蝶很可能分布在南美洲的东、西两侧。随着它们在南美洲大陆的广泛扩散，各自进化出了独特且多样的图案与色彩。而当这两种袖蝶的栖息地发生重叠时，“optix”基因的突变使它们相互模仿。时至今日，在共存区域内的红带袖蝶与艺神袖蝶展现出了惊人的相似性，它们的外观更像对方，而非其他地区的同类。

有些拟态可能并非基于毒性，而是侧重于逃避捕捉的能力。这种“逃避拟态”可能涉及模仿那些美味但又不值得捕食者追逐的蝴蝶种类。在美洲的热带地区，潜在的逃避拟态者包括绿袖蝶、中型钩蛱蝶、烙印荣蛱蝶以及靴蛱蝶属的蝴蝶。不过，并非所有蝴蝶专家都认同这种拟态的存在，也并非所有蝴蝶专家都相信鸟类能够长时间记住哪些是难以捕捉的物种。

寻找伴侣

成年蝴蝶的寿命普遍短暂，这迫使它们迅速寻觅配偶以延续后代。雄蝶尤为积极，它们不遗余力地追寻雌性伴侣。其寻觅伴侣的方式主要分为两种：一是展翅飞翔，巡逻于花间草丛；二是在适宜的栖息地点静候，期待与雌蝶的邂逅。指名仁眼蝶与岩灰仁眼蝶便属于后者，它们会追逐移动的物体，即便是掉落

君主斑蝶的红斑蝶，美国（蛱蝶科：线蛱蝶亚科）
在其大部分分布区，君主斑蝶的红斑蝶是君主斑蝶的拟态者。两者最明显的区别是：君主斑蝶的红斑蝶后翅中间有一条黑色条纹。

的松果。不同蝴蝶物种依据自身特性，或选择巡逻策略，或喜欢栖息等待，并在此过程中逐渐演化出相应的适应性特征。巡逻者往往沿着林间小径，依据幼虫寄主植物的线索，探寻雌蝶理想的产卵之地。体型较大、体重较重的蝴蝶，难以保持长时间空中巡逻，因此它们更多的是选择栖息等待。它们尖尖的翅膀往往具有较高载荷，所以它们能够随时加速，冲向目标。

一些蝴蝶在温暖的时段巡逻，在凉爽时段则选择栖息，以蓄积更多能量用于飞行。处于从属地位的雄蝶，如果无法将占主导地位的雄蝶从主要栖息点驱逐出去，可能会持续飞行，直至找到一个合适的栖息点。研究发现，瑞典的帕眼蝶喜欢栖息于阳光充沛的森林空地。被迫离开栖息地的雄性帕眼蝶，一般会花费 20~40 分钟重新寻觅栖息点，最后在一个较小的阳光照射区域定居下来。

很多雄蝶都会积极守护栖息地周围的领地。在亚洲东部，拥有领地的雄性苔娜黛眼蝶凭借更加健硕的肌肉，主动驱逐竞争对手，从而赢得大部分交配机会。许多蝴蝶种类，特别是蚬蝶，倾向于将领地置于公共聚集区，即“求偶场”，特别是在雌蝶可能出没的幼虫寄主植物周边。雄性蓝斑猫头鹰环蝶与重浪猫头鹰环蝶则沿着森林边缘构建求偶场，并在此驱逐同种及相关物种的其他雄性。求偶场的建立有助于雄蝶集中精力，也便于雌蝶寻找配偶。若巢穴内备有食物，雌蝶可能会为了补充营养而非交配目的造访，此时雄蝶亦会做好迎接的准备。在巴西东南部，雄性弗罗玄眼蝶选择在阳光普照的空地建立领地。若此地有发酵果实，它们可能也会守护果实。但由于雌性并不建立领地，所以雄性不会驱逐进入其领地的雌性。由此看来，雄性建立领地似乎旨在吸引配偶，而非独占食物资源。

许多蝴蝶与人类相似，会前往异性可能汇聚之地，以增加觅得伴侣的机遇。其中，“山顶求偶”便是一种独特的现象，雄蝶与“处女”雌蝶（尚未交配的雌蝶）会循地形攀升，最终在山顶邂逅。对于那些稀有且分布范围广泛的蝴蝶种类而言，“山顶求偶”无疑是一种尤为出色的策略，特别是当山顶繁花似锦，有丰富的食物来源时。然而，对于那些数量较为庞大的蝴蝶物种来说，由于它们相遇的机会本就较高，因此，特意前往山顶的努力或许并不值得。

雄性圆斑襟粉蝶在上山时会竞相追逐以接近新来的雌性，此行为被形象地称为“争分夺秒地完成一夫多妻制”。与此同时，其他山顶蝶类，特别是大部分凤蝶，倾向于划定各自的领地。部分雄蝶一天之内会在争夺与防守之间灵活转换，这或许是它们为了应对山顶上其他蝴蝶所采取的策略。在亚利桑那州，雄性宝绿灰蝶坚守在山顶，守护着整片灌木丛，而在巴西西部的某个山顶，草凤蝶（敏芷凤蝶）、多点贝凤蝶以及花白阔凤蝶则合力驱逐所有企图侵入的异种蝴蝶。在非洲，一些黑点褐珍蝶和云斑褐珍蝶的种群中出现了性别角色颠倒的奇特现象。这是由于它们体内寄生了一种名为沃尔巴克氏菌（Wolbachia）的细菌，该细菌能够选择性地摧毁卵中的雄性胚胎。因此，雌性珍蝶转而占据山顶领地，而那些少数幸免于难的雄性则转而依赖雌性。相比之下，在未受沃尔巴克氏菌影响的种群中，雄性珍蝶仍保持着占领山顶领地的习性。

求偶行为

许多蝴蝶的求偶行为实则更接近于性骚扰。雌蝶可以通过高举腹部，展现出拒绝交配的姿态，从而避免不必要的性接触。成功交配后，雌性阿芬眼蝶与红灰蝶会收起翅膀，而雄性则会在附近徘徊，此举或许是为了寻找隐蔽之所。雌性红灰蝶往往仅交配一次，因此，其他雄性的持续追逐对它们而言并没有任何好处。

尽管如此，许多雄蝶仍会坚持交配，而且经常会有其他雄蝶加入。雄性偏瞳蔽眼蝶有时会强迫雌性进行多次交配，然而一旦有其他蝴蝶试图介入，它们的交配成功率便会大打折扣。雌蝶在驱赶这些不受欢迎的雄蝶时，可能会因此错过进食或产卵的良机。而雄性艾地堇蛱蝶的骚扰行为，更是迫使正在产卵的雌性不得不飞向更远的地方。相比之下，雄性格斑堇蛱蝶则显得较为宽容，它们通常不会打扰已受精的雌性格斑堇蛱蝶。

有些雄性袖蝶会与未成年雌蝶交配。在超过四成的袖蝶族群中，雄性袖蝶会在幼虫食用的植物上寻觅雌蛹。它们会利用雌蛹在发育末期释放的独特化学物质来精准定位目标。黄条袖蝶还通过视觉线索来辅助搜寻，尤其留意那些留有幼虫啃食痕迹的植物。雄性黄条袖蝶一旦发现雌蛹，便会留在蛹旁，担任守护者的角色，有时会有一群雄性环绕四周，共同等待雌性黄条袖蝶破蛹而出。雌蝶一旦现身，雄蝶们便竞相争夺最佳交配位置，甚至不惜在雌蝶完全脱蛹之前便展开交配行为。更为极端的是，某些物种的雄性在接触到雌蝶生殖器的一刹那，便迫不及待地闯入蛹内完成交配。这种看似虐待的行为，可能是避免与高度相似的拟态者发生错误交配的策略。当相似物种共存时，其中一方选择与未完全羽化的幼蝶交配，而另一方则不然，这种差异或许能有效降低种间杂交的错误率。

其他蝴蝶求偶时则更为优雅。雄性指名仁眼蝶一边鞠躬、一边扇动翅膀并转动触角，试图引诱雌性交配。在鞠躬的同时，它还会用前翅上的发香鳞抚摸雌蝶的触角，在展示自己的过程中加入信息素的诱惑。与之相似的岩灰仁眼蝶的展示方式略有不同，这就足以防止雌蝶与其他种群的追求者交配。

雄性幻紫斑蛱蝶的每个翅膀上都镶嵌着大大的斑点，斑点在紫外线照射下绽放出璀璨的光芒。这些反光在通过极窄的视角观察时最为明亮。众所周知，雌性幻紫斑蛱蝶喜欢翅膀上有更闪亮斑块的雄性，它们对闪烁信号的反应比对稳定色彩的反应更为强烈。在求偶过程中，雄蝶巧妙地利用了这一点：它们会径直飞抵雌蝶下方，以每秒高达 11 次的频率，自一个较小的角度振动双翼。从雌蝶的视角看去，仿佛是四翼同时迸发出紫外线光芒，这一壮丽景象仅能在观察角度恰到好处的瞬间得以一窥。此种效果犹如频闪灯般闪烁不定，足以令雌蝶目眩神迷。

信息素是求偶中的关键元素。雄性偏瞳蔽眼蝶翅膀上的发香鳞会散发出一种包含三种信息素的混合物。这种混合物对于雌蝶而言，具有极大的吸引力。通过信息素的比例，它们可能会判断出雄蝶的年龄。雌蝶更喜欢年长的雄蝶，或许是因为年长雄蝶是历经考验的幸存者。雄性暗脉菜粉蝶在求偶过程中，其发香鳞会释放一种独特的催情化合物——柠檬醛。这种化合物由雄蝶在幼虫时期吸收的氨基酸合成。柠檬醛之所以在求偶中如此有效，很可能是因为雌蝶在寻找适宜的产卵地点时，会倾向于选择能发出柠檬醛类似植物化合物的植物。不过，柠檬醛的释放也伴随着一定的代价。那些频繁释放柠檬醛以吸引雌性的雄蝶，即使最终未能成功交配，其寿命也会比那些不常释放柠檬醛的雄蝶要短。

如果雄性长斑裳凤蝶发现了一只悠然飞翔的雌蝶，它会环绕雌蝶翩翩起舞，一圈又一圈。最后一圈舞蹈结束前，它会让雌蝶的触角轻触其后翅内缘上那开放的、布满发香鳞的气味袋。对于尚未交配的雌蝶，雄蝶的这番努力或许能赢得青睐；然而，若雌蝶已经交配，她可能会毅然落地，以示抗拒。面对雌蝶的决绝，雄蝶并不会退缩，而是继续在她上方盘旋，频繁挥动后翅轻拍雌蝶，并释放发香鳞中的迷人香气，试图赢得雌蝶的芳心。但此策略往往收效甚微，在尝试大约三四次之后，雄蝶通常会选择放弃，而雌蝶则过一段时间后再自行飞走。

并非所有信息素都用于性引诱。在交配过程中，部分雄蝶会向雌蝶释放一种抗催情信息素，旨在削弱雌蝶对其他雄蝶的吸引力。不过，此举却可能产生一些意想不到的后果。雄性大菜粉蝶释放的抗催情信息素虽能有效驱散其他雄性竞争者，却意外地吸引来了寄生蜂，这些寄生蜂会对雌蝶产下的卵发起攻击。幸运的是，每当雌蝶摆出拒绝的姿态时，它就会散去一些抗催情信息素，这一行为不仅巧妙地避开了不必要的交配，还降低了遭遇寄生者的风险。

新婚礼物和多个伴侣

雄蝶在交配时，会将精子置于一个坚固的精囊中传递给雌蝶，随后雌蝶会将其妥善储存，以备使用。在众多蝴蝶种类中，这个精囊还携带着一份特殊的“新婚礼物”：它富含碳水化合物与蛋白质，这些宝贵的营养，通过包含氨基酸和其他氮基物质的精液传递给雌性。此外，射出的精液中还包含了脂类、糖类、甾醇、磷酸钙、钠或锌等多种成分。这些“礼物”既可供雌蝶自身使用，也可为其卵子提供滋养。凤蝶、粉蝶、袖蝶等众多蝴蝶种类中的雌蝶都会从这份独特的“新婚礼物”中汲取到丰富的营养与益处。

大多数雄蝶会在幼虫时期就准备它们的新婚礼物。除了那些食花粉的袖蝶，其他雄蝶在交配后即使能从花蜜中获得一些氨基酸，也无法完全补充营养。每天交配超过一次的雄蝶，每次射精的量会较少。年长的雄性苔娜黛眼蝶的精囊比年轻雄蝶的大，这可能是因为年轻的雄性有更多潜在的交配机会，因此它们需要节省有限的资源以备后用。

为什么雄性在射精时会投入如此多的精力？答案似乎指向了精子竞争。尽管许多雌蝶会选择单次交配，但也有许多雌蝶可能会频繁地与多个雄性交配。通常情况下，那些多配偶的雌蝶，其卵子的受精权往往被最后一个交配的雄性所占据。雌性柑橘凤蝶可能就会摒弃部分或全部已经进入其体内受精囊的精子，转而选择新伴侣的精子。其他种类的蝴蝶可能也会这样做。拥有一个特别大且富含营养的精囊显然会延缓雌性再次与雄性交配的时间，这增加了雄性使其DNA进入雌性卵细胞中的机会。雄性还会在精囊中混入不育精子，显然是为了填满雌性的生殖器官，从而降低她接受另一只雄性精子的能力。

雌性青灰蝶交配频率相当高，它们可能在五天内完成四次交配。日本科学家研究发现，这些雌性青灰蝶的交配囊（位于输卵管末端），竟然能储存多达38个精囊。雌性暗脉菜粉蝶，在生命周期内能完成六次交配。这种高频的交配行为不仅为雌蝶带来丰富的营养补给，从而延长它们的寿命，还显著提高了它们的繁殖能力——与单次交配的雌性相比，多配偶雌性的繁殖力高出了一半以上。

提供这种礼物的成本相当高昂。雄性在“新婚之际”赠送的礼物，重量可占据其自身体重的15%。雄性暗脉菜粉蝶的一个精囊内蕴含的氮量，足以支撑70枚卵的孵化。而对于雄性帕眼蝶而言，在首次交配后，它们需要耗费长达一周的时间来再次形成同等大小的精囊。这一过程对于成虫寿命通常只有10天或更短的蝴蝶种类来说，无疑是一个相当长的时间段。

雄性阿黎粉蝶在已知蝴蝶种类中，是对精囊投资最小的，其首次射精量甚至不足其体重的百分之一。即便如此，交配还是让它付出了不小的代价。针对墨西哥城周边地区阿黎粉蝶的一项研究揭示，未交配过的雄蝶与仅交配过一次的雄蝶寿命约为12天，相比之下，频繁进行交配的雄蝶则往往在一周内就会死亡。奇怪的是，这种性行为与寿命之间的微妙平衡，并非总是体现在那些慷慨给予精子的蝴蝶身上。君主斑蝶能够产生又大又多的精囊，并且即便进行多次交配，其寿命也似乎未受明显影响。君主斑蝶是一妻多夫制，能够轻松应对频繁的交配活动，而阿黎粉蝶则往往无法承受这样的生命负荷。不过，也许是因为实验中的阿黎粉蝶被累坏了，所以寿命受到影响。

寄主植物和产卵

大多数蝴蝶会选择在其幼虫所食用的寄主植物上进行产卵，不过也有例外存在。雌加勒白眼蝶会在高高的草丛中飞行时产卵。雌阿芬眼蝶虽然栖息在草叶上准备产卵，但它并不直接将卵产在植物上，而是释放至空中，任由它们自由落地。

要产卵的雌性白斑翠蛱蝶会飞到寄主植物（一种茄科植物）下面的落叶丛中，寻找一片枯叶，将卵产在其背面。孵化后，幼虫便一直隐匿于枯叶丛中，直到黎明前几小时才悄然爬上寄主植物。它们会精心挑选一片适宜的叶片，随后以有条不紊的节奏，耗时约20分钟至半小时，精准地咬断叶柄。随着最后一口咬下，叶片缓缓脱落，幼虫也一同降落于森林的地面上。在此后的整日里，幼虫藏身于落叶之下，这片落叶既是它安全的栖息地，也是它赖以生存的食物来源。

雌蝶一旦觅得合适的植物，便会降落，并运用触角、足以及产卵器（即产卵器官）细探植物表面，显然是在植物身上寻觅特定化学物质，以验证所选是否恰当。雌蝶的选择会影响其后代的成长。例如，在英国，生长在草甸碎米荠上的橙尖粉蝶，相较于生长在葱芥上的同类，其蛹更小，雄性成虫也更小，且更早羽化。再如，以西蓝花与花椰菜为食的大菜粉蝶幼虫，虽然在成长速度上不及以卷心菜为食的同类，体重却更为可观。

有些蝴蝶一次仅产一枚卵，有些则能一次性产下大量卵。那些产下大群卵的蝴蝶往往是“不可食用”的蝴蝶，密集的卵群或许正是其“不可食用”的警告信号。美洲蓝凤蝶从马兜铃植物中摄取有毒的生物碱，并将这些毒素传递给自己的卵。在田纳西州进行的一项研究表明，捕食者——尤其是爬行无脊椎动物，对较大的凤蝶卵群的攻击频率远低于对更小凤蝶卵群的攻击频率。这一发现进一步证实，对于能够产出含有毒素卵的蝴蝶而言，大量产卵无疑是一种更为有利的生存策略。

有些蝴蝶会在多种植物上产卵，尽管这些植物并非都适宜其幼虫的生存与发展。例如，金凤蝶在北美可能会选择菊科植物作为产卵地，而在欧洲可能会选择芸香科或伞形科的植物。这种灵活的产卵策略是一种明智的选择，因为在复杂多变的自然环境中，最佳的产卵植物并不总是唾手可得。另外，不在特定植物上产卵，幼虫就不容易被捕食者发现。

有些蝴蝶则对产卵地展现出高度的专一性。例如，部分粉蝶种类，包括暗脉菜粉蝶在内，只在十字花科植物上产卵。同样，多数灰蝶也只选择一个科或属的植物。这种专一性可能会使蝴蝶更有效地吸收利用植物中的毒素。将70种哥斯达黎加蝴蝶和蛾的幼虫置于捕食性蚂蚁面前，结果蚂蚁会自动避开那些携带有毒化学物质的专食性幼虫。

艺神袖蝶会在各种西番莲藤上产卵。以不同品种西番莲为食的幼虫，其发育速度和体型会不一样。有些西番莲藤上的幼虫会长得更快更大。因此，艺神袖蝶往往会在众多选择中精心挑选，设法选取最佳品种的西番莲藤作为产卵地。在巴西南部的亚热带地区，尤其是在7~12月的干燥、寒凉季节里，所有西番莲藤生长都不太好，品质明显下降。在此期间，产卵地的选择范围大幅缩减，艺神袖蝶的选择便不再那般严苛。

蝴蝶产卵需精心挑选合适植物上的合适位置——既需避免阳光直射以防卵失水干枯，又要确保环境温暖以促进幼虫快速成长。值得注意的是，对幼虫而言，产卵的最佳位置未必等同于其成长的最佳环境。阳光与树荫的平衡至关重要，同时产卵地的朝向也是不可忽视的因素。源自东欧的莫氏小粉蝶，是一种数量日减的珍稀蝴蝶种类，产卵习性尤为独特。它喜欢温暖、朝向南方或西方的荫庇处，而非阳光普照的植物表面。此外，莫氏小粉蝶倾向于在靠近植物顶端的地方产卵，那里不仅温暖，还为孵化后的幼虫提供了充足的新鲜嫩叶。

美洲蓝凤蝶，美国，田纳西州，纳什维尔（凤蝶科：凤蝶亚科）
美洲蓝凤蝶，凤蝶家族中的一员，幼虫会汲取寄主植物中的毒性化学物质，在幼虫蜕变为成虫后，这些毒性物质依然储存在体内。这一特性使得众多蝴蝶，包括其他种类的凤蝶，纷纷模拟其外观。

寻找最佳产卵地既耗费精力，又增加了落入捕食者手中的风险。当费劲找到一块合适产卵地时，却可能发现另一只蝴蝶已经捷足先登。不过，有些蝴蝶在寻找寄主植物时，会把捷足先登的蝴蝶作为节省时间的提示，暗脉菜粉蝶就喜欢在那些已经有其他雌蝶产卵的植物上产卵。这样能省事很多，但是如果植物上已经有卵或幼虫，最好还是去别的地方产卵。

蝴蝶会选择新的寄主植物进行产卵，但选择带来的结果千差万别。例如，在甘薯引进非洲前，褐缘小珍蝶的幼虫主要以同属的本地植物番薯为食。殖民时期（开始于15世纪末的大航海时代，一般认为20世纪中叶是殖民时期的终结时间。编者注），甘薯从美洲引入非洲，成为众多国家的重要农作物。褐缘小珍蝶也开始选择甘薯作为寄主植物。时至今日，尽管它们依然保留着食用番薯的特性，但同时也欣然接受了甘薯这种新引入的植物。其幼虫在甘薯上的存活率更高，且雌蛹也比在原生植物上的长得更为茁壮。褐缘小珍蝶已经成为甘薯这一农作物的主要害虫。

哥斯达黎加蒙特维德地区的艾花蛱蝶和图花蛱蝶选择在爵床科植物上产卵。多数此类植物对它们的幼虫而言是理想的成长环境，但是它们有时会选择一种20世纪中叶被引入的非洲植物品种。然而，孵化出的幼虫拒绝取食这种植物，这一选择最终导致幼虫死亡。显然，这些蝴蝶还没有适应这种致命的新物种。

位于澳大利亚中东部里士满的鸟翼凤蝶幼虫以马兜铃的叶子为食。雌蝶在产卵时，利用前腿上的特殊受体感知并识别植物释放的化学信号，以选择适宜的寄主植物。不幸的是，澳大利亚花园中引进的南美马兜铃也能发出类似的化学信号，但这种植物的致命毒素能迅速杀死它们的幼虫。这对栖息于最南端的鸟翼凤蝶种群构成了严重威胁。因此，自 20 世纪 90 年代起，一场旨在保护这一物种的运动应运而生。这场运动广受欢迎，并迅速取得了成功，至今仍在持续。

群居幼虫、自食和蚁共生

蝴蝶的重量取决于幼虫阶段的生长。幼虫的成长周期受到多重因素的影响，而食物的质量与数量无疑是最为关键的两点。例如，以草为食的幼虫往往身形较小，且成长相对迟缓；体型较大的幼虫则可能生长速度很快，这或许是为了迅速渡过较易被捕捉的成长阶段。

幼虫的第一餐往往是它们自己的卵壳。云斑珍褐蝶这种非洲蝴蝶，每窝可产下100 多枚卵，而其幼虫的第二餐可能会是尚未孵化的同胞卵。幼虫同类相食的现象并不罕见。艺神袖蝶的幼虫不仅食用同类的卵，还捕食同类的幼虫，但它们似乎具备某种识别能力，能在一定程度上尽量避免吞噬同类的卵。

大多数蝴蝶幼虫以树叶为食。不过，除了常见的食叶幼虫，还存在着一类以花朵为食的幼虫，如热带葩灰蝶属的幼虫和一类以肉为食的幼虫，如棉蚜灰蝶的幼虫，它们完全以捕食蚜虫为生。在亚洲和澳大利亚，拟蛾大灰蝶的幼虫则选择寄居在黄猄蚁的巢穴之中，以蚁巢内的幼虫为食，到成虫时其口器会失去咀嚼功能，因此不再以蚁为食。英国最小的蝴蝶枯灰蝶，则将卵巧妙地安置在黄苜蓿的花朵之中。待卵孵化后，幼虫会吃掉花朵及其内部正在发育的种子，甚至吃掉那些路过的体型更小的幼虫。

一些大型卵群在孵化后，幼虫仍然维持着群居习性。在美洲的热带地区，当百余只珠袖蝶的幼虫们孵化出来后，它们会成群结队地沿着长效信息素标记的丝线结队而行，共同前往新的觅食地。不过，丝线似乎并不是它们行进的依据，没有丝线时它们会跟随信息素行进，但没有信息素时，即使有丝线，它们也不会沿着丝线前行。在墨西哥的山区，油粉蝶的幼虫群体则更为壮观，一窝可达 200 只或更多。它们利用坚硬的丝线筑造出一个水密性极佳的公共巢穴。夜晚时分，幼虫们沿着它们在树叶间铺设的、带有信息素标记的丝线小径外出觅食；而到了白天，则全体聚集在巢穴中休息。这些幼虫群体还会在巢穴中完成化蛹过程，最终一同羽化为成虫。

一窝约 100 只的网蛱蝶幼虫在寄主植物上织网，并在其中觅食和晒太阳。由于体温高的幼虫更加活跃，进食速度也更快，因此晒太阳非常重要，尤其是在芬兰北部的栖息地中。网蛱蝶幼虫是黑色的，有鲜艳的红毛，在气温仅有 10°C（即 50°F）的天气里，它们也能通过晒太阳的方式，将自身体温提升至 30°C 以上。

在寄主植物上觅食 10~15 天后，白灰蝶属的幼虫会掉落到地面上，随后被红蚁发现并收养。幼虫被红蚁带回它们的巢穴后，会在那里安然生活两年，直至化蛹成蝶。有些白灰蝶属幼虫，如霾灰蝶的幼虫，由工蚁喂养，而其他白灰蝶属幼虫，包括胡麻霾灰蝶，则以蚂蚁的卵为食。

半数以上的灰蝶以及大约三分之一的蚬蝶均与蚂蚁维持着一种互利或寄生的紧密关系。这一现象的专业术语为“myrmecophily”（蚁共生），该词源自希腊语的“myrmex”（蚂蚁）一词。在蚁共生的生态现象中，部分蚁共生动物与蚂蚁的关系并非那么牢固，意味着它们在必要时完全能够脱离蚂蚁而生存；当然，也存在众多强制性蚁共生动物，它们的生存完全依赖于蚂蚁，并且通常是特定的蚂蚁。

蚁共生幼虫利用一种称为蚂蚁器官的特殊结构，吸引蚂蚁加入这种看似单向的共生关系。其胸部或腹部的触角器官释放信息素，不仅引诱蚂蚁靠近，还有效抑制了它们的攻击性本能。此外，发声器官产生的特定振动（据推测）同样对蚂蚁具有强烈吸引力。部分灰蝶幼虫，甚至蛹期都能发出声响，其腹部特化的刮板结构功不可没。霾灰蝶的幼虫和蛹都会模仿蚁后的声音，从而在蚁群中获得优待。腹部的蜜腺器官会释放出营养丰富的液滴，供蚂蚁采食。这些液滴可能是蚂蚁容忍蝴蝶幼虫的首要原因。在蚬蝶中，胸部的一组充气刚毛（称为气刚毛）可能会释放一种信息素，召唤蚂蚁来保卫其幼虫——尽管这一点尚不明确。

为蚂蚁提供蜜源还包含了其他诸多益处。在亚洲热带地区，一些娆灰蝶属的幼虫依赖中平树的树叶为食，而这些树叶又得到了栖息于空心茎内的举腹蚁属蚂蚁的守护。因此，为这些蚂蚁供应蜜源成为幼虫免遭侵害的有效手段。蚂蚁与树木之间的共生关系，可追溯至1600万至2000万年前。大约在800万年前，小鳞翅目昆虫开始加入这一行列，通过提供甘甜的分泌物与蚂蚁建立起互利共生的关系，蚂蚁则以守卫作为回报。到了大约200万年前，娆灰蝶似乎也加入到这一关系中来，迅速融入并充分利用了这一共生体系。

发育和休眠

许多蝴蝶的发育速度很快，从卵到成虫只需几天或几周时间。它们通常是一年多代蝶，即一年能繁殖数代。即使在蝴蝶活动季节较短的温带地区，蝴蝶种群也可能是两代（一年两代）或三代（一年三代）。在加拿大和英国，菜粉蝶通常是两代或三代，但在较温暖的地区，它们每年可能要繁育六到八代。在较寒冷的地区，许多蝴蝶是一年一代的，即每年只繁殖一次，而一些北极和高山地区的蝴蝶则需要两到三年的时间才能最终羽化成蝶。

条件恶劣时，蝴蝶会暂停生长发育，静待更佳时机，此种暂停状态被称为休眠。蝴蝶在休眠时，可能处于卵、幼虫、蛹或成虫任一阶段。某些眼蝶幼虫每年会经历两次休眠期，首次休眠期在孵化后不久，另一次则位于发育后期，紧随一段觅食期之后。休眠机制让温带地区的蝴蝶无需迁徙即可安然度过寒冬。例如，珠蛱蝶便能够以幼虫、蛹或成虫形态度过冬季。此外，温带蝴蝶群体越冬时的形态与年度内的繁殖次数紧密相关。那些以成虫形态越冬的英国蝴蝶往往能够产出最多的卵，而以卵形态越冬的蝴蝶产卵则相对较少。

温带地区的幼虫会根据日照长短和温度变化决定是否休眠。休眠与否有一个临界点，过了这个临界点，与其继续发育成成虫，不如休眠等待春天的到来。日照时间缩短可以作为一个警示，表明这一临界点正迅速临近。较低的温度会减缓幼虫的发育速度，减少其在临界点到来之前长到成虫的机会。这不仅仅是对温度的反应，寄主植物也会影响其对休眠的选择。瑞典南部的小粉蝶如果生活在气温较低的森林中，往往会选择进入休眠状态，但在气温较高的草地上则会直接发育成成虫。以亚麻叶山黧豆这类常见森林寄主植物为食的幼虫，比以欧山黧豆这类常见草地寄主植物为食的幼虫更容易进入休眠状态。与之非常相似的雷小粉蝶的幼虫专食草地植物，很少吃亚麻叶山黧豆，它们进入休眠期的频率低于它们的近亲。它们似乎不受寄主植物的影响，在一项研究中，饲养在亚麻叶山黧豆上的雷小粉蝶的休眠期并没有什么变化。

蝴蝶处于成虫之前的任何一个阶段，它都必须在冬天来临前找到一个庇护所。幼虫能吐丝，可以自己搭建庇护所，但它们不像很多飞蛾那样，能织出紧密且壁厚的茧。以红线蛱蝶为例，早在七月下旬，它就会利用新鲜的树叶搭建起一个避寒或冬眠的小屋。它先是用丝线把树叶边缘绑在树枝上，接着把树叶裁切并折叠，营造一个能包裹住自己的小空间。在正式进入冬眠前，它还会额外添上更多的丝线，把这个卷起来的“小屋”封得严严实实，并沿着树枝稳稳当当地固定好这个冬眠室。

花蜜和花粉

成年蝴蝶的任务是交配并产卵。其主要的能量来源，无论是采食花蜜还是腐烂的水果，都是源自糖分这一关键元素。花蜜中的糖分不仅在化学组成上有所差异，浓度也各不相同，因此不同的花蜜能吸引来不同种类的蝴蝶。比如，凤蝶和粉蝶更倾向于选择富含蔗糖（一种二糖）的花蜜，而不是那些富含葡萄糖、果糖等单糖的花蜜，而其他种类的蝴蝶可能就没有这样的偏好。此外，花蜜中还包含水分、矿物质和氨基酸等，成年蝴蝶可以利用这些作为氮的来源，以制作求偶礼物、完成产卵任务以及维持自身的整体健康。绡蝶会特意选择那些含有毒素的花蜜为食，这些毒素成为它们防御敌人的武器。

蝴蝶会从各式各样的花朵中采集花蜜。如果幼虫吃过的植物是一些开花产蜜的植物（许多蝴蝶幼虫的食物是草和风媒植物，并不产蜜），那么它们变成成虫后可能会更喜欢在这些植物上采蜜。这也许是因为蝴蝶适应了幼虫食用植物的化学性，也可能仅仅是因为两者生活在同一个区域。尽管蝴蝶是众多花卉不可或缺的授粉媒介，但它们特有的生理构造——细长的腿和长舌，使它们采蜜时不用接近花朵中心，因此相比蜜蜂、鸟类和采蜜蝙蝠，蝴蝶采蜜时身上粘带上花粉的可能性较小。不过，备受欢迎的热带观赏植物洋金凤，却主要依赖蝴蝶进行授粉，尤其是凤蝶。它们在花间穿梭时，不经意间会将花粉沾在翅膀上。该花的形态设计巧妙地提升了到访蝴蝶触碰花粉颗粒的概率，而其花蜜的释放时间更是精心安排在了蝴蝶最为活跃的时段。花朵上那醒目的黄色“标识”，在一片红色之中，引领着昆虫找到蜜源。陆海蚬蝶喜欢光顾姜科响尾蛇竹芋的长管状花，但不会触发这种花的特殊授粉机制。与其说陆海蚬蝶是授粉者，不如说它们是“窃蜜贼”。

大多数蝴蝶在成虫时期摄取糖分为自己提供能量，而生产精子和卵子所需的大部分或全部蛋白质则是在幼虫阶段摄取，这通常使得幼虫寿命较长，而成虫（不考虑冬眠的情况）寿命较短。但袖蝶是个例外。袖蝶会造访花朵，包括葫芦科植物的花朵，以采集花蜜和花粉。花粉中的氨基酸含量远高于花蜜，但袖蝶无法食用花粉粒，因此会将它们储存在喙管外侧。它们通常是在夜晚栖息时处理这些花粉粒，在反复卷曲和伸直喙管的同时，用类似唾液的液体浸泡花粉粒，使花粉粒破裂并释放出内含物。这种行为可能是从其他种类蝴蝶清洁喙管的活动进化而来的。花粉粒破裂后，袖蝶会喝下含有氨基酸的液体，并丢弃空壳，这些氨基酸将为其卵子提供 80% 的蛋白质。因此，袖蝶的幼虫无需为成虫后的产卵储存蛋白质，摄入的蛋白质完全为自己所用，从而生长得更快。食用花粉还可能延长成虫的寿命。成年袖蝶的寿命可达八个月，它们在一生中分散产卵，而不像大多数蝴蝶那样，在成虫羽化后不久，就利用幼虫时期摄入的蛋白质制造卵子并立即产卵。

花粉植物与袖蝶的进化历程似乎紧密相连，这些蝴蝶成了花粉植物的主要传粉者。对于正在寻觅理想产卵地的雌性袖蝶而言，该地域是否拥有适宜的花粉植物显得尤为关键。即便西番莲的叶子尚未成熟至可供袖蝶幼虫食用，雌蝶依然会依据这些植物的存在来选定产卵的地点。鉴于成虫拥有较长的寿命，它们能够耐心等待，直至所需的花粉供应充足，且叶子达到幼虫可食用的适宜状态后再进行产卵。

蝴蝶的迁徙

君主斑蝶的迁徙现象闻名遐迩，而同样引人注目的还有粉蝶、凤蝶等其他种类的蝴蝶，它们也是杰出的长距离迁徙者。大批的银纹红袖蝶在夏末与秋初时节，穿越佛罗里达半岛。次年春夏时节，这些蝴蝶会踏上归途，向北飞行，并在沿途产卵。此外，在它们的另一栖息地——阿根廷图库曼地区，也观测到了蝴蝶向东迁徙的景象。

北美洲和欧洲的小红蛱蝶均展现出迁徙的习性，它们借助来自北非的顺风穿越地中海。在 2009 年欧洲的一次大规模迁徙中，小红蛱蝶飞抵挪威北部，距离它们最南端的越冬地有 6500 千米之遥。5 月的连续两天里，雷达追踪到约有 200 万只蝴蝶穿越了 300 千米长的英国海岸线。没有一只蝴蝶能完整参与整个迁徙旅程。成年小红蛱蝶的寿命只有几周，整个迁徙周期往往需要历经六代蝴蝶的接力。这些蝴蝶在迁徙途中相继孵化，接力完成迁徙旅程。

热带蝴蝶也可能会迁徙。在旱季开始时，哥斯达黎加西北部的干旱森林中有超过一半的蝴蝶会飞往其他湿润地区。据记录，雨季开始时，至少有 10 种蝴蝶穿越巴拿马的加通湖。双色菲粉蝶和蚩龙凤蛱蝶在 5 月和 6 月时会大量穿越此地。它们能够巧妙应对风向变化，并且明确地朝着特定的方向前进。

曾每年至少涉及十亿只君主斑蝶的迁徙活动，是地球上陆地动物最大规模的迁徙活动。尽管其种群数量正急剧下降，但它们的迁徙之旅仍然是动物界的奇迹。在北美东部，君主斑蝶需历经至少三代的接力，方能完成这年度性的迁徙。北方的迁徙者振翅向南，飞往墨西哥中部那片温暖的越冬之地。也有部分选择佛罗里达或古巴作为它们的冬日栖息所，并在次年春天再度启程北上重返故土，但仅有约十分之一的蝴蝶能够活着回归。大多数蝴蝶的旅程往往止步于美国南部或中部的边界，它们会在死亡前在当地的马利筋草上产下卵。不到一个月，它们的后代又继续北上。这些蝴蝶在抵达最北端的栖息地之前，繁衍出了又一代子孙。

君主斑蝶无法忍受寒冷。尽管它们可能进化成了迁徙者，但只有北方种群需要迁徙，而分布在从佛罗里达到墨西哥、西印度群岛直至南美洲北部的南方种群，则选择定居。这些定居者的翅膀相较于其进行长途迁徙的远亲，显得更短且更圆润。然而，迁徙者所需的并不仅仅是更大的翅膀。像优红蛱蝶这样的迁徙性蝴蝶，其飞行肌中富含高浓度的线粒体，这增加了它们代谢氧气的能力。君主斑蝶的迁徙适应性深深植根于其基因之中，这一特性不仅塑造了它们的飞行能力与耐力，还左右着触发迁徙本能的内分泌“开关”。这些精密的开关在秋季日照缩短与春季日照延长的自然节律下被激活，同时赋予蝴蝶接收信号并精准定位迁徙路径所需的神经与感官。

关于君主斑蝶如何精准定位迁徙路线的奥秘，最近才逐渐揭晓。在它们振翅南飞之际，一种内置于大脑密集中央复合体中的“内部罗盘”，精妙地解析着太阳方位与天空偏振光图谱的视觉线索。触角尖端隐藏的生物钟机制，即便在单触角缺失的情境下，仍能稳健运作，依据太阳轨迹的变化精准计时。来自罗盘和生物钟的双重信息确保蝴蝶始终朝着正确的方向前进。最近，人们又在君主斑蝶的触角中发现了一个“罗盘”，它可以帮助君主斑蝶根据地球磁场确定行进路线，在阴天依然保持航向。

君主斑蝶的导航系统并非万无一失。磁场罗盘只有在被特定波长的蓝光至紫外线触发时才起作用。如果它们能看到太阳，即使需要用到磁场罗盘的信息，这些蝴蝶也会忽略它。当实验者将蝴蝶向西移动 2500 千米时，它们仍然遵循通常的西南方向，无法校正它们的路径。这表明君主斑蝶依赖罗盘进行导航，但可能缺乏一个能够告诉它们自己所在位置的全天候内部定位系统。尽管如此，对于这样一种大脑如此微小的生物来说，这仍然是一个复杂的机制。君主斑蝶在墨西哥东部的越冬地很小，没有精确的指引，它们将很难找到。其他蝴蝶的导航系统可能更简单，例如，小红蛱蝶似乎缺少触角生物钟。

为了再次确定北上的路径，君主斑蝶必须重置其太阳罗盘。1 月，当墨西哥东部山区越冬地的气温骤降至接近冰点时，君主斑蝶便开始进入休眠状态。而正是这严寒的天气，触发了它们罗盘方向的转变。这一过程的精确性确保了返回的蝴蝶能够恰好在马利筋植物新萌芽时抵达美国南部的繁殖地。君主斑蝶的整个长途跋涉，或许正是为了适应其迁徙路线上不同地点马利筋植物的生长周期与可食用期，而逐渐演化而成的。

濒危的蝴蝶

过去的二十年里，在墨西哥越冬的北美东部君主斑蝶数量锐减，从原先超过十亿只的庞大规模，急剧缩减至 2014 年的 5650 万只，降幅超过了 90%。同时，位于落基山脉以西的较小君主斑蝶种群也未能幸免，其数量同样减半。2014 年 8 月，生物多样性中心（Center for Biological Diversity）、食品安全中心（Center for Food Safety）、西思学会（Xerces Society）以及长期致力于君主斑蝶研究的专家林肯·布朗（Lincoln Brower）博士，共同向美国鱼类和野生动物管理局（FWS）递交了一份请愿书，强烈呼吁根据《濒危物种法案》将君主斑蝶列为濒危物种。2014 年 12 月，美国鱼类和野生动物管理局对这份请愿书给予了积极回应，同意请愿书中提到的“大量信息表明将君主斑蝶列为濒危物种可能是合理的"，并宣布启动状态审查（这是将其列为保护物种的第一步）。

多年来，我们一直认为君主斑蝶面临的最大威胁是其东部种群越冬所在的墨西哥冷杉、松树和橡树林的退化。但罪魁祸首可能近在咫尺。在美国中西部的大部分地区，马利筋（君主斑蝶幼虫的食物来源）已被根除。那些种植着抗除草剂和抗农药转基因作物的大片田地，尤其是种植抗草甘膦的玉米、大豆和棉花的田地，被喷洒了化学药品，这些化学药品消灭马利筋的同时也杀死了君主斑蝶。2014 年年初，自然资源保护协会（NRDC）向美国国家环境保护局（EPA）请愿，要求重新审视其对草甘膦的批准。美国国家环境保护局没有给予回应，自然资源保护协会（NRDC）于 2015 年 2 月提起诉讼，迫使他们采取行动。

君主斑蝶的困境让蝴蝶保护工作登上了各大媒体的头条，而这一关注来得并不算早。全球许多地方的蝴蝶正在消失。加利福尼亚州中央山谷、英国、中欧草原，无疑还存在许多尚未调查的地区，蝴蝶种群数量都在下降，群落中的物种也在不断消失。自 1970 年以来，英国有 71% 的蝴蝶失去了栖息地。20 世纪，荷兰失去了 24% 的蝴蝶物种，英国失去了 9%，摩拉维亚（位于捷克共和国）失去了 60%。日本现在有 15% 的蝴蝶物种濒临灭绝，一些草原蝴蝶物种的种群数量已减少了 95% 以上。

这些数据特指温带地区的蝴蝶种群。反观热带地区，全球约九成蝴蝶栖息于此，我们几乎无法获取到任何具有可比性的信息。因此，我们在温带蝴蝶保护与管理方面的既有知识或许难以直接套用于热带地区。因此，目前尚缺乏一份真实可靠的全球濒危蝴蝶全面清单。世界自然保护联盟（IUCN）的红色名录虽已对全球濒危物种进行了分类，但截至 2014 年年底，其评估范围仅覆盖了 683 种蝴蝶，这一数字尚不足蝴蝶总种数的 4%，且其中众多评估结果距今已超过十年。

高度城市化破坏了新加坡岛的热带雨林，致使新加坡岛失去了 38% 的蝴蝶物种，但实际上，肆意破坏热带雨林所造成的后果我们还很不了解。在西非雨林，即塞内加尔与多哥之间的地带，尽管雨林面积已缩减至原先的 13%，但截至 2006 年，已知的 972 种蝴蝶几乎全部得以保留。这诚然令人欣慰，却绝非自满的理由。若当前主要分布于保护区的残余雨林再遭破坏，这一积极态势或将急转直下。

非法捕获交易稀有蝴蝶，据称每年能带来高达 2 亿美元的收入。所有鸟翼蝶属成员，如鸟翼凤蝶属、红颈凤蝶属和裳凤蝶属；尾凤蝶属；喙凤蝶属及少数其他珍稀种类蝴蝶，如阿波罗绢蝶，均被列入《濒危野生动植物种国际贸易公约》（CITES）。唯有遵循该公约条款，方可进行跨国交易。有三种蝴蝶，牙买加的大螯豹凤蝶、菲律宾的吕宋翠凤蝶以及新几内亚的亚历山大鸟翼凤蝶，被列于 CITES 附录 I 之中，这标志着对它们进行国际贸易（除特定豁免外）是被严格禁止的。2006 年，在美国鱼类和野生动物服务局的精心布局下，拥有全球联络网的知名日本商人小岛久良（Hisayoshi Kojima），因走私包括附录 I 物种在内的濒危蝴蝶而被捕。他因此被判处 21 个月监禁及 38731 美元的罚款。他被逮捕一事，在杰西卡・斯皮尔特（Jessica Speart）所著的《翼之迷恋》（*Winged Obsession*）一书中有叙述。

相比于直接捕杀，更多蝴蝶受到的是丧失栖息地（包括丧失寄主植物）的威胁。温带地区的草地蝴蝶遭受了沉重打击。在东南亚等热带地区，原始森林中的蝴蝶可能面临极大灭绝风险，特别是在苏拉威西岛等岛屿，那里 43% 的蝴蝶种类是独一无二的。蝴蝶对特定条件的需求越苛刻，分布范围越局限，就越容易灭绝。2010 年西班牙加泰罗尼亚的一项研究表明，蝴蝶群落正越来越多地被常见的广布种所主导，特别是在草地和地中海灌木丛地区。

修剪、过度放牧以及滥用除草剂和杀虫剂均会对蝴蝶的栖息地造成破坏。伐木和农业开发会摧毁热带雨林。商业林种植、农业扩张以及城市发展的浪潮，不断吞噬着自然的草原与草地。入侵的外来植物正逐渐侵占蝴蝶幼虫原本寄主植物的领域，尽管蝴蝶有时也能适应这些外来植物。比如，长叶车前草这种外来物种，是濒危的北美艾地堇蛱蝶目前赖以生存的植物。

而入侵物种丽丛毛寄蝇则被认定为导致英国荨麻蛱蝶数量锐减的元凶之一。甚至人类的休闲活动也可能成为威胁蝴蝶生存的问题。例如，游客在密歇根湖畔印第安纳沙丘滨湖国家公园的频繁活动可能会惊扰到当地的蝴蝶，进而可能降低濒危卡纳蓝蝴蝶的产卵成功率。

蝴蝶与气候变化

气候变化的威胁如迷雾般笼罩着一切。至少到目前为止，气候变化对蝴蝶的影响还不明确。科罗拉多落基山脉高山地区的气温上升可能会使高山蝴蝶的卵更难存活，但更长的温暖季节可能会让成虫有更多的时间飞翔、交配并产下更多卵。随着气温上升，一些蝴蝶的数量和分布范围可能会增加。例如，韩国的南方草原蝴蝶数量有所增加。赏心珍蝶是一种快速扩散的亚洲移民物种，它于2012年首次在澳大利亚被发现，现已在那里定居，随着气候变化创造出更多适宜其生存的新区域，它在澳大利亚的分布范围可能会进一步扩大。

在欧洲和北美，南方物种已向北迁移。诸如波翅红眼蝶和普蓝眼灰蝶等蝴蝶现已在瑞典北部北极圈附近的帕亚伦塔国家公园（Padjelanta National Park）定居。在加拿大曼尼托巴省东南部，自20世纪70年代以来，鹿眼蛱蝶的栖息地向北扩展了150千米，格斑堇蛱蝶的栖息地则向北扩展了70千米。如今，许多温带蝴蝶的羽化时间都比以往年份提前了，尤其是在春季。与几十年前比，大多数瑞典蝴蝶的羽化提前到了早春时节，而那些应该更晚羽化的蝴蝶则提前到暮春时节。气温每上升1摄氏度，羽化时间平均提前近四天。据预测，每升温1摄氏度，加拿大多数蝴蝶（不是全部）的羽化时间将平均提前2.4天。

然而，气候变化对许多蝴蝶的长期影响可能是灾难性的。热带蝴蝶可能已经接近它们所能忍受的温度上限。研究表明，高温会抑制偏瞳蔽眼蝶的免疫反应。较高温度会降低森林红眼蝶越冬幼虫的存活率。在这些渐渐升温的地区，即使蝴蝶能够在边缘地带找到较凉爽的新领地，也可能无法生存下去。

气候变化可能会加剧栖息地的丧失和破碎化。随着气候变化，栖息地破碎化可能会使蝴蝶被困在越来越不适合它们生存的栖息地碎片中。因气温变化而被迫离开栖息地的蝴蝶，可能会发现可供定居的新区域更少了。在英国，尽管在气候温暖的年份蝴蝶会向新栖息地扩张，但在1997~2007年，由于栖息地退化，27种蝴蝶中有20种的活动范围缩小了。随着气候变化，尽管常见物种的增加可能会导致蝴蝶个体数量增多，但英国蝴蝶物种的数量预计将显著减少。据模型预测，到2080年，在英国蝴蝶监测计划统计的地区中，近一半的蝴蝶将都是莽眼蝶。

在欧洲，适应寒冷气候的北部物种比适应温暖气候的物种更容易受到威胁。对于高山和北极地区的蝴蝶而言，气候变化尤其构成威胁。这些蝴蝶适应寒冷的栖息地，随着气候变暖，栖息地不断缩小并恶化，它们不得不向更北和更高的山上迁移。生活在山顶上的蝴蝶，包括中欧当地具有独特遗传特征的黄斑红眼蝶，可能会因气温变暖而被迫挤入越来越小的区域，从而面临灭绝。阿波罗绢蝶是欧洲的一个保护旗舰物种，在其分布的三个国家内已经灭绝，在另外12个国家的数量也在减少。一方面它的草地栖息地正被农田和人工林所取代，另一方面，它还特别容易受到气候变化的影响，这些都加速了它的灭绝。

保护蝴蝶

抛开更广泛的环境问题不谈，在地方层面保护蝴蝶意味着要保护幼虫的寄主植物，对于以花为食的蝴蝶而言，还要保护成虫的花蜜来源。这意味着我们需要了解它们对求偶和交配的需求，并了解它们与捕食者、寄生物以及共生蚂蚁（对于蚁共生蝴蝶而言）之间的关系。在美国中西部，即使在管理良好的保护区，高草草原上的蝴蝶数量也仍在减少。为了保护这些物种，我们需要详细了解每一种蝴蝶的需求，并据此管理它们的栖息地。

对于那些几乎没有天然庇护所的蝴蝶来说，恢复其栖息地可能至关重要。在太平洋西北地区，芬德氏靛蓝小灰蝶依赖富含羽扇豆的草原橡树生态系统，羽扇豆是其幼虫的寄主植物。它们的整个分布范围仅约185公顷。其栖息地受到严格管理，人们在新恢复的栖息地内种植羽扇豆。芬德氏靛蓝小灰蝶正在新恢复的栖息地内繁殖，但其数量仅为在原始栖息地的一半左右。我们需要做的工作还很多。

恢复蝴蝶的数量或许并不需要多大的空间。在瑞士，面积不足半公顷的土地上，播撒着各种野花，这些狭长或零散的地块吸引了该地区三分之二的蝴蝶种类，并为它们的大量幼虫提供了食物。如果恢复的栖息地靠近现有的森林或草地保护区，其作用更为明显。但荷兰的研究表明，即使是空地和屋顶花园，也可能成为稀有蝴蝶的潜在栖息地。

损害是可以修复的。随着外来植物入侵森林并挤占本地植物的生存空间，位于印度洋上的毛里求斯岛可能已经失去了三种仅存在于该地区的蝴蝶物种。在清除木质杂草后，幸存的森林蝴蝶数量有所恢复。在美国佐治亚州东北部，在清除入侵物种小蜡后，林地蝴蝶群落得以恢复。在加纳的卡库姆森林（Kakum Forest），废弃种植园里重新种植了本地树木，仅过了九年，森林蝴蝶群落就显示出恢复迹象。

单个物种也可以得到恢复。2007年，利用当地最后一批幸存种群圈养繁殖的幼虫以及来自苏格兰西部的幼虫，金堇蛱蝶被成功重新引入英格兰北部。（嘎）霾灰蝶于1979年在英国灭绝，而就在此时，科学家们意识到其幼虫以单一草原蚁种——沙地红蚁的幼虫为食，离开这种蚂蚁，（嘎）霾灰蝶将无法存活。利用来自瑞典的（嘎）霾灰蝶，该物种已被重新引入，并在沙地红蚁生存的短草保护区内繁衍良好。甚至有人提出，自20世纪40年代以来就未再见到的加利福尼亚甜灰蝶，或可通过高科技"灭绝物种复活"克隆技术使其重现。

在发展中国家，养殖蝴蝶不仅能为收藏家提供标本，还能为蝴蝶馆提供展品，因此被当作一种推动可持续发展的有效手段。在坦桑尼亚东乌桑巴拉山脉地区，阿曼尼蝴蝶项目每年为350户家庭提供约200美元的收入。养殖人员主要为女性，占比高达55%。这些家庭会从森林中捕捉蝴蝶进行饲养，待其产的卵化成蛹后，部分销售到海外，部分留种以备后续养殖。同时捕蝶人还在花园中种下了这些蝴蝶的寄主植物。自1978年起，在巴布亚新几内亚的昆虫养殖与贸易局（IFTA）的指导下，人们开始种植马兜铃（野生蝴蝶以此为食）来养殖鸟翼蝶。然而，近年来蝴蝶总体交易额有所下滑，所以能够长期坚持的养殖者已寥寥无几。至于昆虫养殖与贸易局在蝴蝶保护工作方面所起的作用有多大，目前尚不明确。

蝴蝶养殖可能会引发一些意外。自2007年起，珠袖蝶已成为泰国南部地区的入侵物种，并且在2009年，其影响范围进一步扩大到了马来西亚半岛西北沿海的兰卡威岛上。这些入侵者极可能来自普吉蝴蝶园（Phuket Butterfly Garden）中那些饲养的，用来在婚礼及佛教仪式上放飞的蝴蝶。

我们需要了解更多，以便更好地保护蝴蝶。在全球的许多角落，蝴蝶正面临着迅速消亡的危机。若要遏制或逆转蝴蝶数量锐减的趋势，我们必须探明它们面临的困境及其背后的原因，并为蝴蝶创造更加适宜的生存空间。

如果你在阅读本书时对蝴蝶产生了浓厚的兴趣，那么你定能为蝴蝶保护贡献一些力量。你可以参与到一些蝴蝶保护项目中来，比如北美的公民科学项目，包括君主斑蝶监测项目（Monarch Watch）、西部君主斑蝶计数项目（Western Monarch Count）、凡妮莎迁飞项目（Vanessa Migration Project）以及洛杉矶蝴蝶调查项目（Los Angeles Butterfly Survey），这些项目均热烈欢迎志愿者的加入。而在英国，你也能参与到"新千禧年蝴蝶计划"（Butterflies for the New Millennium Project）与"英国蝴蝶监测计划"（United Kingdom Butterfly Monitoring Scheme，简称UKBMS）中，为这些项目添砖加瓦。事实上，全球各地都散布着类似的项目，以及诸如西思学会这样的组织，它们均值得你鼎力支持。

你的庭院能摇身一变，成为一个蝴蝶花园。参与君主斑蝶监测项目，你将获得专属种子套件，内含专为你所在区域精心挑选的马利筋及其他适宜植物，助你轻松打造君主斑蝶的温馨驿站。此驿站不仅限于家中，学校或任何你拥有种植权限的角落均可成为驿站的所在之地。你甚至能将你的爱心驿站认证为君主斑蝶国际避难网的一部分。蝴蝶保护，人人有责，而你正是这重要一环的参与者。

第一章

凤蝶

凤蝶家族

在大多数人眼中，凤蝶无疑是蝴蝶中的佼佼者：它们体型庞大、外貌绚烂夺目，既显眼又极具观赏性。不过，并非所有凤蝶都拥有标志性的“燕尾”。燕尾这一特征正是其英文名“Swallowtails”（燕尾蝶）的由来。在蝴蝶这个大家族中，凤蝶科实为一个小家族，全球范围内仅有大约600种凤蝶。凤蝶科的大部分种类都栖息于旧大陆（指哥伦布发现美洲大陆前，欧洲人认知中的世界，主要包括欧洲、亚洲和非洲。编者注），尤其是印澳地区，这里的凤蝶种类数量几乎占据了整个凤蝶家族的一半（约260种）。

凤蝶家族中包括了体型最为庞大的蝴蝶。例如，雌性亚历山大女皇鸟翼凤蝶，翼展可达28厘米以上，是一种高度地域性的濒危物种，仅分布于巴布亚新几内亚；雄性非洲长翅凤蝶，拥有狭长的翅膀，翼展可能达到25厘米；大螯豹蝶，翼展最大可达20厘米，是仅分布于牙买加山区的一种濒危物种，也是新大陆体型最大的蝴蝶。

凤蝶，通常体重较大，是强健的飞行者，能够进行长途飞行，部分种类还具有迁徙习性。凤蝶在采食花蜜时，往往选择在空中飞舞，而不是降落到花朵上，以免其较大的身躯与重量压垮它们所造访的花朵。许多凤蝶还是非常逼真的拟态者，它们不仅可以模拟其他种类的凤蝶，还能模拟其他科的蝴蝶。

除了一个特例之外，所有的凤蝶均可归为两大亚科：绢蝶亚科以及“典型”的凤蝶亚科。古生凤蝶或短角宝凤蝶是宝凤蝶亚科的唯一幸存成员。这种无尾的深棕色昆虫，身上点缀着黄白斑纹，某些雌性个体上还缀有橙色斑纹，与一些早期的蝴蝶化石颇为相似。短角宝凤蝶可能是古老蝴蝶谱系（即便不是现存最古老的蝴蝶谱系）中的最后幸存者。它们栖息于墨西哥西南部干燥的热带森林中，幼虫以金合欢树的叶子为食，是该地区唯一以此为食的凤蝶幼虫。

▶ **金凤蝶，瑞士**

绢蝶亚科或可溯源于中亚地区。据分子证据显示，大约在4200万至6500万年前，随着印度次大陆与亚洲大陆的碰撞导致喜马拉雅山脉与青藏高原的隆起，这些蝴蝶开始逐步分化。如今，它们主要栖息于高海拔区域。此亚科广泛分布于温带欧洲与亚洲，尤以喜马拉雅山脉地区种类最为繁多。只有绢蝶属中的五个物种成功抵达北美洲，分布范围跨越了从阿拉斯加到新墨西哥的西部山脉。

大多数绢蝶没有尾突，但是有些凤蝶科的其他种类却拥有尾突，比如东亚的虎尾凤蝶属成员拥有一对尾突；亚洲丝带凤蝶属成员拥有长长的尾突；至于那些华丽、稀有且备受追捧的喜马拉雅尾凤蝶和中国尾凤蝶，则分别拥有三到四对尾突。

▶ 阿波罗绢蝶，瑞士

阿波罗绢蝶以鲜花盛开的陡峭高山草甸为家，成虫会光顾蓟和矢车菊属植物，并在多汁的景天科植物上产卵。雌性阿波罗绢蝶的翼展最大可达9厘米。阿波罗绢蝶的地方种广泛分布于欧洲和温带亚洲的山区中，且大多栖息在海拔500~2400米。雄性会飞到高挑的长茎花卉上，而雌性则紧贴地面活动，显然是为了避免雄性的追逐。

▶▶ 锯凤蝶，意大利，帕丹平原

锯凤蝶常出没于地中海地区阳光普照的山坡上。其栖息地从法国南部一直延伸至乌拉尔山脉，且大多位于海拔900米以下的地区。它们在每年的4~6月，化蛹成蝶。成虫阶段的锯凤蝶通常仅有约三周的寿命。这些蝴蝶的幼虫以马兜铃为食，马兜铃的毒素会在蝴蝶的幼虫体内积累，直至成虫时期这些毒素依然存在。锯凤蝶后翅上鲜明的蓝红斑点，可能是在警告捕食者。

鸟翼凤蝶

鸟翼凤蝶属、裳凤蝶属和红颈凤蝶属

阿尔弗雷德·拉塞尔·华莱士（Alfred Russel Wallace）称鸟翼凤蝶为“最大、最完美、最漂亮的蝴蝶”。1859 年，当他在摩鹿加群岛捕获到第一只“世界上最美的蝴蝶”——红鸟翼凤蝶时，他说：“我兴奋至极，几乎要昏厥，这在我的生命中前所未有；我的心跳加速，热血涌上头顶，导致我一整天都头痛难忍”。自那以后，鸟翼凤蝶便成为人们梦寐以求的珍品。自 20 世纪 80 年代以来，成千上万的鸟翼凤蝶从印度尼西亚、巴布亚新几内亚及其周边国家的蝴蝶养殖场出口到世界各地。尤其是世界上最大的蝴蝶——亚历山大女皇鸟翼凤蝶，更是被不法分子成对地从新几内亚走私出来，售价高达 8500 美元以上。

▲ ▶ 绿鸟翼凤蝶，巴布亚新几内亚，莱城

绿鸟翼凤蝶是 36 种鸟翼凤蝶中最为著名且分布最广的一种。其分布范围从印度尼西亚马鲁古群岛经新几内亚，延伸至所罗门群岛和澳大利亚昆士兰州东北部。图片展示的是雄性绿鸟翼凤蝶。雌性个体则呈现为深棕色，饰有白色斑纹，体型相较于雄性更大，翼展最大可达 22 厘米。

◣ **长斑赏凤蝶，巴布亚新几内亚，莱城**

赏凤蝶饰有黑色和金黄色的斑纹，有 21 种栖息在从斯里兰卡到新几内亚的热带雨林中。新几内亚的长斑赏凤蝶是裳凤蝶最东部的典型代表。与绿鸟翼凤蝶一样，长斑赏凤蝶也在蝴蝶养殖场中被广泛饲养，以满足出口需求。雄性长斑赏凤蝶会与刚从蛹中羽化毫无抵抗之力的雌性个体进行交配。

▼ **翠叶红颈凤蝶，马来西亚半岛，金马仑高原**

华莱士于 1855 年以砂拉越首位白人拉惹（Rajahs，南亚、东南亚以及印度等地对于国王或土邦君主、酋长的称呼，最早源自梵文的 rājan 一词。译者注）詹姆斯 · 布鲁克（James Brooke）的名字命名了这种“华丽的蝴蝶”。如今，翼展可达 17 厘米的翠叶红颈凤蝶已成为马来西亚砂拉越州的象征。其栖息地广泛分布于婆罗洲、苏门答腊以及马来半岛北部，直至泰国半岛。雌性多隐匿于树冠深处，难得一见；而雄性则经常低飞，或驻足于硫磺泉旁、矿物渗出之处，有时甚至会成群聚集。被尿液浸湿的土壤也能吸引它们的到来（我可以亲自为此作证）。

◀ **红珠凤蝶，泰国，拉旺国家公园**

红珠凤蝶是一种分布广泛、形态多变的东南亚蝴蝶，其分布范围从中国和印度一直延伸到巴厘岛和菲律宾。幼虫主要以马兜铃为食，从食物中摄取的毒素使这种凤蝶及其近亲对哺食它们的鸟类有害。不少其他种类的凤蝶纷纷模仿它们，不仅在外形上与其相似，连飞行方式也如出一辙。比如，雌性玉带美凤蝶就模仿了红珠凤蝶的外观，但其身体上缺少了那一抹鲜艳的红色。

◀ **巴黎翠凤蝶，泰国，考艾国家公园**

翠凤蝶亚属包含了 25 种（以及超过 100 个亚种）优雅的黑色蝴蝶。其中，多数雄蝶的翅膀上点缀或镶嵌着闪烁着像孔雀尾羽般蓝绿光泽的斑块或条纹。这些蝴蝶的分布范围广泛，跨越俄罗斯远东地区、日本以及印度，直至澳大利亚北部的热带地区。巴黎翠凤蝶的分布区域从中国的北方到喜马拉雅山脉以南，直至爪哇地区（不同的岛屿上可能形成不同的亚种）。它是一种飞行迅捷的林间蝴蝶，尤其在溪流附近十分常见，雄性通常选择湿润的沙地作为栖息之所。

◀ **英雄翠凤蝶，澳大利亚，昆士兰，丹翠国家公园**

英雄翠凤蝶，亦称天堂凤蝶，其分布范围广泛覆盖马鲁古群岛、新几内亚、所罗门群岛及新喀里多尼亚岛（某些岛屿上形成了不同的亚种）。在澳大利亚昆士兰州东北部的雨林中，英雄翠凤蝶的身影尤为常见，吸引了众多游客来此参观。

▶ **金凤蝶，瑞士**

金凤蝶是“纯正”的凤蝶代表，亦是首个冠以凤蝶之名的蝴蝶种类。其翼展可达 8 厘米，是欧洲最大的蝴蝶之一。它也是适应力最强、最成功的蝴蝶之一，踪迹遍布欧洲、北非，横跨亚洲，直至北美洲的北部与西部，在北美洲被称为“旧大陆凤蝶”（the Old World Swallowtail）。它能在不同的栖息地中繁衍生息，从加拿大的苔原和高山林地，到英格兰诺福克的湿地，再到地中海沿岸，都有它的身影。

▶ **敏芷凤蝶，玻利维亚，鲁雷纳瓦克**

敏芷凤蝶是 143 种美洲凤蝶中的一种，分布范围从墨西哥延伸到阿根廷，幼虫以胡椒科植物为食。与它极为相似的近亲美洲大芷凤蝶，幼虫被称为“橙色小狗”，则以柑橘及其亲缘植物为食，甚至能将幼龄柑橘树的叶子啃光。尽管如此，美国的蝴蝶饲养者还是经常种植小型柑橘树，以吸引美洲大芷凤蝶并促进其繁殖。

▶ **绿带燕凤蝶，印度尼西亚，苏门答腊北部，古农勒塞尔国家公园**

燕凤蝶是生活在亚洲热带与亚热带雨林中的一种珍稀小型凤蝶。它们的尾突异常宽大，总是不停地轻轻抖动。燕凤蝶共有三种，其中第三种直到 2014 年才在中国云南被科学家发现并命名，比发现第二种燕凤蝶晚了 183 年。据推测，它们可能已经独立进化了长达 4400 万年之久。雄性燕凤蝶常活跃在湍急的溪流和瀑布周边，飞行时翅膀快速拍动，呈现出起伏不定的飞行姿态，因此常被人们误认为是蜻蜓，也因此获得了它的英文名“Dragontails”。图中是一只绿带燕凤蝶。

第二章

弄蝶

弄蝶家族

弄蝶，因标志性的“跳跃式”飞行而得英文名“skipper”（跳跃者），在众多蝴蝶种类中独树一帜。这类蝴蝶身形笨重，翅膀钝圆，形似蛾类。实际上，许多弄蝶亦如同蛾类，多于夜幕降临后、黎明初现时最为活跃。它们的触角呈现节状，与其他蝴蝶的触角在形态上相似，但大多数种类的节状触角会逐渐纤细，最终形成一根明显突出的弯曲触须。

大多数弄蝶都呈现不起眼的棕色外观，且它们之间的区别往往仅在于细微之处，这对于蝴蝶观察者来说极具挑战，但这并不妨碍它们构成一个极为丰富多样的群体。据统计，弄蝶种类繁多，约有3500种，这些种类分属于7个亚科，并归属于500多个不同的属。在美洲热带地区，弄蝶色彩鲜艳，令人叹为观止。

许多弄蝶的幼虫以草为食，居住在自己搭建的住所中（有时也在其中化蛹），这些住所是它们折叠或卷曲叶片，并用丝固定起来的。

▶ 白暮弄蝶亚种，印度尼西亚，北苏拉威西岛，唐可可国家自然保护区

竖翅弄蝶亚科内所包含的约150种弄蝶，或许是弄蝶家族中最古老的成员。这些弄蝶专属于旧大陆的热带地域，是一种高速飞行的昆虫，喜欢停栖在叶底，停息时将翅膀紧紧闭合。该亚科中的暮弄蝶共有14种，它们体型较大，身材厚实，成虫身体通常呈橙黄色或绿褐色，喜欢在清晨与黄昏这两个时段活动。白暮弄蝶，分布区域广泛，自印度延伸至印度尼西亚苏拉威西岛。

花弄蝶亚科

花弄蝶亚科的蝴蝶遍布全球各地，尤为广泛分布于新大陆的热带区域。其中，美洲热带地区的成员是弄蝶中色彩最为斑斓的一些种类。此亚科的大部分弄蝶在停歇时会展开翅膀，这一特性使得它们常被冠以“平”之名，不过也有一些会将翅膀折叠于背部。而北美洲的褐弄蝶属停歇时翅膀则呈半展开姿态。该属共包含七个不同的种类。

◀ 火尖尾太阳弄蝶，秘鲁，马努国家公园

火尖尾弄蝶族分布于美国西南部至阿根廷境内，曾独立为亚科。这类弄蝶在幼虫及蛹期均密被长毛，且幼虫体表常有鲜艳色带或斑纹，在弄蝶科中独具特色。多数成虫腹部末端呈亮红色，其英文名“firetips”（火尖）与学名“Pyrrhopygini”（希腊语“火红尾部”）即由此而来。它们栖息于安第斯山脉东麓海拔400~1800米的湿润森林中。

▶ 裙弄蝶，澳大利亚，昆士兰，水晶瀑布

裙弄蝶，在澳大利亚被称为“斑纹扁蝶”（Pied Flat），在亚洲则被称为“普通雪扁蝶”（Common Snow Flat），其分布范围从印度一直延伸到所罗门群岛以及澳大利亚的昆士兰沿海地区。裙弄蝶族则从非洲一直到澳大利亚都有分布。裙弄蝶会将卵产在薯蓣属植物的叶片上。幼虫孵化后，会切割并折叠一些叶片来为自己搭建帐篷状的小屋。随着体型变大，它们会搬移到更大的住所中，最后在两片用丝绑在一起的叶子所形成的住所里化蛹。

▶ 安弄蝶，哥伦比亚，里萨拉尔达

安弄蝶隶属于一个包含 11 个物种的属，这些物种广泛分布于墨西哥到阿根廷地区。它是众多（100 多种，分属不同属）美洲热带弄蝶中的一种，这些弄蝶的雄性（以及极少数雌性）会尾随行军蚁列队而行。鸟类也紧随蚂蚁之后，伺机捕食被这些迁徙蚁群驱赶出的昆虫，而弄蝶则在那里以鸟粪为食。雄性弄蝶从鸟粪中摄取含有钠与氮元素的食物，并在交配过程中将一部分营养传递给雌性伴侣。

▲ **银弄蝶，瑞士，阿尔高州汝拉公园**

银弄蝶，在北美被称为“北极弄蝶”（Arctic Skipper），隶属链弄蝶亚科。链弄蝶亚科是一群分布广泛且体型纤细的弄蝶，其幼虫以草类及其近亲植物为食。它们是一种栖息于北方地区的蝴蝶，常见于针叶林或混交林中的草地、林间空地和草甸沼泽地带。在北美，除了遥远的西部地区，加拿大南部几乎见不到它的踪影。而在苏格兰，银弄蝶偏爱朝南的荫庇区。在恶劣天气里，它们会藏匿草丛深处。

◀ **花饰弄蝶，瑞士**

花饰弄蝶是众多非洲弄蝶中的一种，主要栖息于中欧和南欧地区，此外仅在非洲西北部有少量分布。这是一种生活在干旱草原地带的蝴蝶，通常出现在其幼虫的寄主植物多蕊地榆生长的地方。花饰弄蝶会以毛毛虫形态过冬，然后在落叶堆中以植物残骸形成的茧中化蛹。成虫主要在 5~7 月飞翔，在某些地区，夏末还可能会出现第二代成虫。

弄蝶亚科

弄蝶亚科是一个由众多小型蝴蝶组成的庞大群体，大多呈橙色或棕色。休息时，它们通常会将翅膀合拢，或者以一种独特的“喷气式飞机”姿态休息，即后翅比前翅张得更开，这使蝴蝶看起来就像一架小巧的三角翼飞机。正如其英文名“grass skippers”（草丛跳跃者）所示，大多数弄蝶亚科的幼虫以草为食。大多数种类的雄性弄蝶都有性标或性斑，即前翅上的一片黑色发香鳞。这些鳞片能释放出信息素，随风飘向目标雌蝶。

◀ **无斑豹弄蝶，瑞士**

无斑豹弄蝶原产于温带欧亚大陆和北非。1910年，它意外地被引入加拿大安大略省。北美人称之为欧洲弄蝶。如今，它们的活动范围从加拿大的纽芬兰省一直延伸到美国的北达科他州和南卡罗来纳州。其西部种群可能是通过草捆中携带的虫卵而成功繁衍，从加拿大不列颠哥伦比亚省一直扩张到美国科罗拉多州，并仍在继续扩散。它们的幼虫以草类为食，栖息在用丝缠绕成卷的草管中。

▶ 有斑豹弄蝶，瑞士

有斑豹弄蝶广泛分布于欧洲、北非和中东的高草丛地带。其外观与无斑豹弄蝶非常相似，但在一些细微之处有所不同，比如触角尖端下侧的颜色：有斑豹弄蝶的这一部位呈暗淡的淡红色，而无斑豹弄蝶则呈有光泽的黑色。有斑豹弄蝶成虫会光顾三叶草、蓟草、蒲公英和其他杂草的花朵。它们有时会成百上千地共同栖息在阳光照射的高草丛，且常与无斑豹弄蝶相伴而居。

▶ 亮隼弄蝶，澳大利亚，皇家国家公园

亮隼弄蝶，是一种栖息在森林边缘的蝴蝶，分布于印度尼西亚马鲁古群岛、新几内亚和澳大利亚北部与东部。雄性亮隼弄蝶具有很强的领地意识，它们屹立于草叶上，守卫着自己的领地，并对任何侵犯其领地的入侵者展开空中追击。亮隼弄蝶的幼虫身体呈绿色，头部为黑色，以各种草为食，并用丝将草叶捆绑在一起构筑成管状可栖身的住所，并最终在此化蛹。

▶ 弄蝶，瑞士，阿尔卑斯山

弄蝶广泛分布于北半球温带的大部分地区。在英国，它被称为“Silver-spotted Skipper”（银斑弄蝶），但在北美（大多数其他种类的弄蝶生活在这里），这个名字被用来指代另一种蝴蝶——饴弄蝶。弄蝶每年大致繁衍一代，但在极北之地，这一生命周期被拉长至两年。每一代弄蝶，如同那些北极地带的同类，第一年以卵的形态越冬，第二年则以幼虫或蛹的形态继续它们的越冬之旅。

第三章

粉蝶

粉蝶家族

粉蝶科包含一些最常见的蝴蝶，其中少数几种已演变成为严重的农业害虫。菜粉蝶及其近亲的幼虫会大量啃食卷心菜、花椰菜、萝卜等多种蔬菜，豆粉蝶的幼虫则专门对苜蓿发起猛烈攻击。许多广为人知的粉蝶都是田野蝴蝶，它们频繁出没于农场、杂草丛生的田野、路边和花园里。

粉蝶科可能起源于温带欧亚大陆，但如今该科的1100多个物种几乎遍布全球。除了新西兰（菜粉蝶已被引入此地）、南太平洋岛屿以及南极洲外，在其他地方几乎都能发现它们的踪迹。大多数粉蝶生活在热带地区，但也有一些能生活在极地和高海拔地区。赫克豆粉蝶和长斑豆粉蝶能穿越北极，到达北纬83度的加拿大埃尔斯米尔岛北端，而栖息在喜马拉雅山脉和安第斯山脉的粉蝶，则可能抵达海拔5000米的高地。

这些中小型蝴蝶，正如它们的英文俗名所示，通常展现出白色、黄色或橙色的主色调，其边缘镶有不同程度的黑色、棕色或炭灰色，且带有相应颜色的斑点。一些热带森林中的粉蝶色彩非常鲜艳，并常常模仿其他蝴蝶。粉蝶的雌雄两性在外观上往往差异较大，而且在许多种类中，不同季节孵化的后代在颜色或图案上还存在差异。与大多数其他蝴蝶不同的是，雄性粉蝶体型通常比雌性大。

粉蝶科细分为四个亚科：粉蝶亚科（包括绢粉蝶、斑粉蝶和橙粉蝶）、黄粉蝶亚科（包括菲粉蝶和钩粉蝶）、袖粉蝶亚科（包括小粉蝶和伪粉蝶）以及蓝粉蝶亚科。蓝粉蝶亚科包含五种（以前被归为一种）精致且纯白的西非和中非蝴蝶。蓝粉蝶的触角上没有棍棒状突起，这是它们区别于其他蝴蝶的一个显著特征。

▲ **青粉蝶，泰国，凯恩·斯里纳卡林国家公园**

青粉蝶属包含 13~14 个种类，隶属于粉蝶亚科，从印度到东南亚，直至新几内亚岛及其邻近岛屿都有其足迹。雌性青粉蝶擅长拟态那些捕食者不会吃的蝴蝶种类，其中包括君主斑蝶的近亲——亚洲特有的绢斑蝶。因此，雌性未受惊扰时常保持拟态对象那种缓慢的飞行方式，但雄性青粉蝶的飞行速度非常快。上图为一只雄性青粉蝶，这类蝶在中国、印度直至马来西亚西北部均有分布。

◀ **橙尖粉蝶，瑞士**

雄性橙尖粉蝶独具耀眼的橙黄色泽，这一特征也赋予了它“Orange-tip”（橙尖）之名。在英国，雄性橙尖粉蝶早在4月便开始飞舞，堪称春天的使者。不过，在中欧巍峨的高山之巅，它们可能需待到仲夏才悠然现身。与雄性相比，雌性橙尖粉蝶则晚几周才出现，之后它们会选择在草甸碎米荠、葱芥等类植物上产卵。从西欧到日本，无论是湿润的草地、葱郁的树篱，还是高山上的草地，都能寻觅到橙尖粉蝶身影。

◀ **菜粉蝶，瑞士**

菜粉蝶又名菜白蝶，原产于欧洲（当地人称其为小白蝶）与亚洲，于19世纪60年代意外传入北美，随后在1929年传入澳大利亚及新西兰。时至今日，它已成为这三个地区最常见的蝴蝶种类。在其广泛分布的多数地区，菜粉蝶已演化为一种对农业构成严重威胁的害虫。其幼虫，俗称菜青虫，专门以卷心菜、花椰菜等类植物为食，在植物成熟时，会啃食叶片并在蔬菜内部钻孔。

◀ **黑带粉蝶，瑞士，阿尔卑斯山**

黑带粉蝶是一种通常生活在海拔约1000米以上地带的蝴蝶，常见于山林空地、岩石斜坡和潮湿的高山草甸中。它们的活动范围横跨法国和瑞士间的侏罗山脉，直至中亚的天山山脉。其幼虫以高山十字花科植物，尤其是李果荠为食。春季和夏季，它们会孵化出一代后代，在海拔较低的地方会罕见地孵化出两代后代。

▶ **云粉蝶，瑞士**

东欧与亚洲的云粉蝶是西欧广为人知的巴斯白蝶的变种。云粉蝶喜欢栖息于温暖、干燥、开阔的自然环境中，一季之中会有多批幼虫相继完成羽化，而冬季来临时还未羽化的蛹则选择冬眠。无论是哪种云粉蝶，均具备迁徙习性，偶尔会突破常规活动范围，现身更北之地。“Bath White”（巴斯白蝶）这个名字源于1795年，在英国巴斯市附近发现的一幅刺绣图案，其上描绘了漫游中的云粉蝶。

▼ **泛黄帕粉蝶，厄瓜多尔，阿卢奎因**

热带美洲的帕粉蝶属中有三个物种的雄性与典型的粉蝶亚科蝴蝶在形态上颇为相似。这三个物种的雌性，如图中这只泛黄帕粉蝶，却是“虎纹拟态者”——一类有着橙黑相间花纹且令捕食者觉得不可食用的蝴蝶群体。这些雌蝶不仅模仿裙绡蝶属中虎纹蝶的外观，还模仿它们的飞行方式。泛黄帕粉蝶的分布范围从哥斯达黎加一直延伸至厄瓜多尔。它们栖息在雨林林冠层之下，雌蝶会选择在刺山柑花蕾和月桂科的植物上以成簇的方式产卵。

斑粉蝶属

斑粉蝶属在蝴蝶界中独占鳌头，其物种多样性远超其他属类，据统计已达255种之多。该属蝴蝶以“妖妇”（jezebels）之名闻名遐迩，已有超过2000万年的多样化发展历史。它们的起源可追溯到澳大拉西亚（澳大利亚、新西兰及太平洋岛国。编者注），但历经变迁，它们已多次北上，抵达亚洲各地。现如今，斑粉蝶的栖息地遍布全球，从澳大利亚、新几内亚（其物种最为集中之地）及太平洋西南部，一直到印度与中国。斑粉蝶的幼虫以槲寄生为食，并从中汲取毒素。斑粉蝶成虫色彩斑斓的外观是有毒的警示。斑粉蝶属内部存在着广泛的拟态现象，同时，它们也成了其他蝴蝶和日行性飞蛾拟态的对象。

▶ **优越斑粉蝶，泰国，清迈**

优越斑粉蝶分布于从印度到菲律宾的广大地区。其栖息地已显著扩大，起初仅局限于雨林，如今已广泛分布于包括城市花园在内的多种环境中。它们一天中大部分时间都在树梢间翩翩起舞，但在傍晚时分，会到林下灌丛层休息。幼虫主要以寄生植物五蕊寄生为食。这些蝴蝶以群居的方式生活，对五蕊寄生的叶子进行毁灭性啃食，这种取食行为常常导致该植物死亡。

◀ **黑雾斑粉蝶，澳大利亚，邦亚山**

黑雾斑粉蝶，又称普通斑粉蝶，是澳大利亚东部及大分水岭以东地区广为人知的蝴蝶种类。它们常出没于藤蔓密集的灌木丛、雨林以及公园和花园中。作为一种迁徙性蝴蝶，冬季它们会出现在悉尼。它们通常在高高的树冠层中飞翔，但也会飞下来落在马缨丹和其他花卉上觅食。1770年，库克船长首次探险时随行的自然学家约瑟夫·班克斯（Joseph Banks）和丹尼尔·索兰德（Daniel Solander）采集到了这种蝴蝶的首批科学标本。

▲ **柯拉彩粉蝶，秘鲁，马努国家公园**

彩粉蝶属大约有90种蝴蝶，它们是来自中美洲和南美洲山区的快速飞行蝴蝶，与旧大陆的斑粉蝶有着亲缘关系。有的彩粉蝶近乎墨黑，有的则色彩鲜艳。柯拉彩粉蝶是一种来自秘鲁和玻利维亚的彩粉蝶。据目前所知，彩粉蝶的幼虫以桑寄生科植物为食。雄性成虫有一个奇特的习性，即有时会大量地沿着溪流降落，并在饮水时将整个身体潜入水中。雌性成虫则很少被观察到有这一习性。

▲ **黑点黄迷粉蝶，乌干达，布温迪国家公园**

51 种迷粉蝶属蝴蝶的幼虫以有毒植物为食，尤其是桑寄生科植物，成虫因有毒会让鸟类避而远之。它们通过鲜艳的色彩、刻意缓慢的飞行来展示自己有毒的特性，许多其他种类的蝴蝶也会模仿它们。黑点黄迷粉蝶是一种栖息在卢旺达、乌干达和刚果民主共和国东部的高地森林蝴蝶。这张照片的拍摄地布温迪森林（Bwindi Forest），是 200 多种蝴蝶的家园。

▶ **绢粉蝶，瑞士**

绢粉蝶于 1925 年在英国绝迹。尽管其种群数量波动很大，但它目前在欧洲、北非和亚洲温带地区仍十分常见。绢粉蝶喜欢群居，数只蝴蝶会紧贴在一朵花的花头上栖息。雌性绢粉蝶有一个奇特的且至今尚未解释清楚的习性，那就是摩擦翅膀直到鳞片脱落。它们的幼虫以山楂属植物的叶子为食，同时也会取食苹果、樱桃、桃和李等植物的叶子。

◀ **钩粉蝶，瑞士**

“Brimstone”是硫黄的旧称，因此钩粉蝶因其黄油般的黄色翅膀而得名“Brimstone”。成虫在暮春或夏季出现。从 9 月开始它们在茂密的常绿灌木丛中冬眠，直到来年春天才苏醒，进行繁殖，随后死亡。尽管钩粉蝶在欧洲、北非以及亚洲的温带地区非常普遍且分布广泛，但其分布范围实际上受到其幼虫食物来源——鼠李科植物的限制，这也正是其拉丁种名“rhamni”的由来。

◀ **阿尔豆粉蝶，瑞士**

▼ **豆粉蝶，瑞士**

豆粉蝶属，在欧洲被称作“clouded yellows”，而在北美，它们与黄粉蝶亚科的其他成员统称为“sulphurs”，构成了一个庞大且进化关系复杂的群体。在许多情况下，由于杂交现象，它们之间的关系变得模糊不清。豆粉蝶的分布遍及北半球、南美洲和非洲南部。某些豆粉蝶种类会进行大规模的迁徙活动。例如，在 1947 年，曾有记录显示一群超过 10 万只的红点豆粉蝶穿越了英吉利海峡。

豆粉蝶与其近缘种阿尔豆粉蝶直至 1945 年才被确认为两个独立物种。二者的成蝶形态相似，难以辨识，但幼虫具有易区分的独有特征。这两种蝴蝶广泛分布在欧洲和亚洲的温带地区。

▲ **雄性黑缘豆粉蝶，瑞士**

▶ **雌性黑缘豆粉蝶，瑞士**

黑缘豆粉蝶是一种栖息于沼泽地带、分布范围极广的蝴蝶，其栖息地跨越了从西欧至亚洲温带地区，直至北美洲北部的辽阔范围。在英国，黑缘豆粉蝶是一种罕见的离群的动物，被称为沼泽云黄（Moorland Clouded Yellow）；而在北美洲，它被称为硫黄（Palaeno Sulphur）。图中这些蝴蝶正在匙叶风铃草上觅食。在成长过程中，它们翅膀边缘的红色绒毛会逐渐磨损。在电子游戏《逆转裁判》中，角色“Colias Palaeno”（黑缘豆粉蝶）是一个虚构国家的大使。

◀▲ **黄菲粉蝶，哥伦比亚（圈养）**

黄菲粉蝶，广泛分布于从美国南部起，穿越西印度群岛、中美洲与南美洲，直至阿根廷最南端的广袤地区。其英文名“Cloudless”来源于其翅膀上表面清澈的柠檬黄色。作为北美地区知名的迁徙性蝴蝶种类，黄菲粉蝶在秋季时节，会集体向南迁徙至佛罗里达州。其庞大的数量，足以与君主斑蝶的迁徙群相媲美。部分迷途的蝴蝶或许会逆着迁徙的主流，北上飞行，甚至能远达加拿大安大略省的东南部。

◀ **宽边黄粉蝶，印度尼西亚，苏门答腊，古农勒塞尔国家公园**

温暖地带受到人类活动影响的草地中，有超过 70 种的黄粉蝶属蝴蝶贴草飞行，翩然起舞。其中，宽边黄粉蝶是一种多变且迁徙性强的蝴蝶，寄主植物种类繁多，几乎遍布非洲、亚洲热带地区、澳大利亚的大部分地区及南太平洋诸岛。它们成群结队地出现，或许是世界上数量最为庞大的蝴蝶种类。夏季孵化的幼虫在羽化为蝴蝶后，颜色会变得更加深邃，这一变化显然与夏季日照时间的延长紧密相关。

▶ **小粉蝶，瑞士**

八种小粉蝶是袖粉蝶亚科中特有的欧亚代表，该亚科的其他成员几乎全部栖息于美洲热带地区。这八种小粉蝶飞行缓慢而优雅，与粉蝶科其他成员的快速飞行截然不同。小粉蝶广泛分布于欧洲和亚洲北部。遗传学研究揭示，欧洲的小粉蝶种群实际上是由三个形态极为相似的物种组成的复合体。最新发现的一种是在 2011 年确认的分布于爱尔兰的翡翠粉蝶。

▶ **凹翅黑黄袖粉蝶，秘鲁，马努国家公园**

安第斯山脉北部的凹翅黑黄袖粉蝶，是热带美洲 50 多种袖粉蝶中的一员。这些美洲袖粉蝶都属于长翅黑橙相间的“虎纹拟态”复合群，这一复合群中还包含了其他种类的粉蝶以及来自不同科的蝴蝶。多个拟态复合群可以在同一地区共存。在委内瑞拉的兰乔格兰德地区，就存在着一个拟态蝴蝶和蛾类复合群落，该群落内至少聚集了 48 个不同物种，凹翅黑黄袖粉蝶亦位列其中。亨利 · 沃尔特 · 贝茨对袖粉蝶属的 30 个物种进行了研究，并于 1861 年写了一篇关于拟态的经典之作。

第四章

蛱蝶

蛱蝶家族

庞大的蛱蝶家族涵盖了世界上众多蝴蝶种类，总计约6000种，分属于550个不同属。蛱蝶科成员从新大陆热带地区那些体型庞大、色彩斑斓的闪蝶，到微小得几乎不及指甲盖大小的网蛱蝶，一应俱全。尽管它们形态各异，但仍共享一些独特特征，如触角下方那三条平行排列的独特脊线（这一特征在其他鳞翅目昆虫中并不存在），以及最明显的特征——前足退化，形成无爪短肢。大多数蛱蝶行走和栖息时，这些短肢并不发挥实际作用。雄性蛱蝶的短肢上覆盖着毛状的鳞片，因此，蛱蝶科蝴蝶也被称为“brush-footed butterflies”（刷足蝶）。

目前，蛱蝶科已细分为十二个亚科，部分亚科历史上曾被视为独立的科。本节内容聚焦于其中的九个亚科，略去了最为古老的三个亚科：喙蝶亚科（特征为具有喙状或鼻状突起的形态）、绢蛱蝶亚科（内含神秘的亚洲特有属绢蛱蝶属，其中便包括命名奇特的绢蛱蝶）、秀蛱蝶亚科（囊括了包括秀蛱蝶在内的4个亚洲属成员）。在本节所探讨的亚科群体中，螯蛱蝶亚科与眼蝶亚科、釉蛱蝶亚科与线蛱蝶亚科、苾蛱蝶亚科与闪蛱蝶亚科以及丝蛱蝶亚科与蛱蝶亚科，均被认为彼此间具有最近的亲缘关系。

▶ **红晕绡眼蝶，哥斯达黎加，布劳里奥·卡里略国家公园**

南美洲中部及西北部地区的红晕绡眼蝶，隶属于眼蝶亚科，其翅膀虽近乎无鳞，但仍保留了祖先蛱蝶类的基本纹样，包括横纹和眼斑。这些眼斑依旧由鳞片构成，而绡眼蝶属独有的翅脉条纹，则以一种独特的方式直接镌刻在透明的翅膜之上。

斑蝶亚科

斑蝶亚科中包括一种最为著名且最具标志性的昆虫——君主斑蝶。典型的斑蝶亚族蝴蝶会在各种马利筋植物上产卵。它们的幼虫从这些植物中吸收强心苷，这是一种能导致鸟类和其他脊椎动物呕吐甚至心力衰竭的毒素。在成虫阶段，它们会从所吸食的花蜜中吸收其他毒素，因此无论是幼虫还是成虫，都具有明亮或对比鲜明的警戒色和花纹。这使得斑蝶亚科成为其他蝶类和蛾类族群中众多拟态者的理想模型。在拟态方面更为突出的是绡蝶族（包括透翅蝶和虎斑蝶拟态者）蝴蝶，该族约370种蝴蝶生活于美洲的热带地区，它们中多数是让捕食者避而远之的物种。大多数绡蝶族蝴蝶会从菊科和紫草科植物的花蜜中摄取有毒生物碱。19世纪贝茨拟态和穆勒拟态中最初描述的拟态原型就是绡蝶族蝴蝶。

◀ **金斑蝶，坦桑尼亚，桑给巴尔，乔扎尼楚瓦卡湾国家公园**

在美洲以外，存在许多像君主斑蝶一样含有毒素的蝴蝶（包括它们的拟态者粉蝶、凤蝶和蛾类）。比如，金斑蝶（或称普通虎斑蝶），分布范围遍及非洲全境，并从地中海沿岸向东延伸至印度和东南亚，一直到澳大利亚，在半沙漠、花园、农田、开阔林地等多种栖息地中都很常见。

◀ **黑绢斑蝶，泰国，赛幽克国家公园**

黑绢斑蝶，在印度、中国和马来半岛均有发现，是众多相似的亚洲和澳大拉西亚热带地区的蝶种之一。这些蝶种大多呈黑色或深棕色与白色相间，常常带有蓝色光泽或黄色色调，常见于森林地区及其周边。人们经常能在路边和花园的花朵上看到它们觅食。和许多有毒的蝴蝶一样，黑绢斑蝶飞行缓慢。包括雌性青粉蝶属在内的拟态者会模仿它们的飞行方式。

▲ **君主斑蝶，墨西哥，米却肯州**

君主斑蝶是北美洲最受喜爱的蝴蝶，也是最著名的迁徙蝴蝶，已成为旅游胜地的一大看点。它还是保护工作的标志性物种和开创性研究的研究对象。19 世纪末，或许是在人类帮助马利筋植物广泛传播之后，君主斑蝶也跨越太平洋广泛分布开来。1870 年，可能是一系列气旋将一群君主斑蝶带到了澳大利亚。如今，它们在澳大利亚十分常见，被称为“漫游者”（Wanderer）。

◀ **丛林帛斑蝶，印度尼西亚，加里曼丹，丹戎普丁国家公园**

丛林帛斑蝶飞行时优雅而缓慢，宛如一片漂浮的纸屑，其马来语名字“surat”（信）由此而来。它是热带亚洲 12 种帛斑蝶中的一种，尽管体型较大（雌性翼展可达 18 厘米），但看起来却十分精致。这种蝴蝶广泛分布于从马来半岛到婆罗洲、苏门答腊和爪哇的森林中。丛林帛斑蝶在树梢间滑翔，通常在开花树木上觅食（有时数量众多），然后盘旋而下，在低矮灌木丛的阴凉处休息。

▶ **澳绡蝶，澳大利亚，昆士兰，巨石度假村巴宾达**

澳绡蝶属包含 9 种蝴蝶，是新几内亚、所罗门群岛和澳大利亚热带昆士兰雨林地区的黑白色蝴蝶，拥有醒目的黄色或橙色眼睛。尽管人们认为它们与新大陆的绡蝶族最为接近，但通常还是将它们归为单独的澳绡蝶族。与其他斑蝶亚科成员一样，它们有毒，因此成为许多拟态蝴蝶的模仿对象。澳绡蝶在昆士兰东北部很常见，它们会缓慢地穿梭于丛林的下层植被之间。雄蝶会聚集在阳光充足的地方，在公共展示地或求偶场中吸引雌蝶。

▶ **宽纹黑脉绡蝶，秘鲁，坦博帕塔国家自然保护区**

绡蝶族的蝴蝶精致优雅，生着修长的翅膀，大多穿梭飞行于墨西哥到阿根廷一带森林的林下叶层深处。它们中的绝大多数都有穆勒拟态现象，尤其是那些包括了其他绡蝶族成员、不同种类的蝴蝶、蛾类乃至豆娘的橙黑相间的“虎纹拟态”群。类似这种宽纹黑脉绡蝶的透翅蝶，已经丢失了使蝴蝶翅膀不透明的大多数鳞片，将部分鳞片退化成了细小的毛发。因此，它们的翅膀大部分是透明的，仅沿着翅脉和翅缘部分保留了不透明的区域。

螯蛱蝶亚科包含 395 种蝴蝶，大多数为热带森林种类，不过也有少数种类的分布范围扩展至包括地中海和澳大利亚南部在内的温带地区。在旧大陆，大型螯蛱蝶是收藏家们追捧的蝶类，在非洲最多，共有 179 种。许多螯蛱蝶拥有华丽的色彩图案和独特的不规则形状，并且大多数种类的后翅带有一对或多对短尾。这些蝴蝶拥有强壮的飞行肌，是强健而敏捷的飞行者，大部分时间要么在树冠中，要么在森林地面的阳光照射处。它们的食物包括腐烂的水果、树液、腐肉或粪便。

▶ 双带扶蛱蝶，秘鲁，马努国家公园

照片中是一只雄性双带扶蛱蝶，隶属于众多南美螯蛱蝶，同时也是扶蛱蝶属中的八个物种之一。它的分布范围从委内瑞拉延伸至阿根廷东北部的安第斯山脉东部的中海拔地区，以腐烂的水果和腐肉为食。与许多螯蛱蝶相似，它那鲜艳的颜色仅限于翅膀的上表面。翅膀合拢时，外观酷似枯叶，使其在森林地面上难以被发现。

眼蝶亚科

在公认的九个眼蝶亚科中，大约存在 2400 种蝴蝶，它们曾一度被划分为四个独立的亚科。这些种类涵盖了那些看似截然不同的蝴蝶。例如，热带美洲森林中体型巨大的闪蝶和大翅环蝶，以及栖息在高山碎石地带、拥有精致图案且生命力极强的仁眼蝶。尽管部分种类拥有鲜艳的色彩和彩虹般的光泽，但大多数眼蝶，正如它们的英文名“graylings”所示，主要呈棕色。许多种类的翅膀上，特别是下侧，都饰有圆形的眼斑。

在进化过程中，眼蝶可能曾以棕榈叶为食，东南亚的热带蝴蝶菲第环蝶的幼虫至今仍然以棕榈叶为食。然而，在某个时期，这个亚科中的主要群体从以棕榈叶为食转变为以草和莎草为食。这一食性的转变促进了热带地区更多眼蝶物种的进化，并使得眼蝶能够跟随它们新的食物，扩散到温带较冷的地区。

环蝶族

亚洲热带地区和大洋洲的环蝶族蝴蝶通常体型较大、翅膀宽阔，属于森林底层蝴蝶，以落果和树液为食，不以花为食。它们喜欢在黄昏或夜晚活动，飞行时紧贴地面，又因常栖息于落叶堆中，所以不易被发现。

▶ **褐串珠环蝶，泰国，凯恩·斯里纳卡林国家公园**

印度和东南亚的褐串珠环蝶既是串珠环蝶属 14 个物种中最为人所熟知的，也是环蝶族蝴蝶中体型较小、色泽相对黯淡的一种，翼展 5.5~6.5 厘米。通常，唯有受扰飞起时，其鲜艳的红棕色上翼才会显露出来。褐串珠环蝶常与其他蝴蝶一同取食落果，并产卵于芭蕉属植物上。

▲ 开眼环蝶，巴布亚新几内亚，莱城

新几内亚的开眼环蝶是一种体型庞大、形态多样的蝴蝶，翼展可达到 9.5 厘米，后翅圆润饱满，眼斑图案引人注目。这种蝴蝶常栖居于森林的下层植被中，与大多数环蝶族成员不同的是，它们喜欢在白日活动。开眼环蝶的幼虫成群地取食多种植物，包括野香蕉、槟榔和朱蕉。成虫则被苏铁所吸引，并以苏铁的汁液为食。苏铁汁液含有高浓度的毒素，成虫鲜艳的色彩可能是一种表明自己有毒的警告信号。

◀ **猫头鹰环蝶，秘鲁，坦博帕塔国家自然保护区**

热带美洲的大翅环蝶族栖居于森林深处，除了临近黄昏和夜晚时分，它们很少展翅飞翔。猫头鹰环蝶广泛分布于从墨西哥南部至亚马孙盆地的森林深处，是环蝶家族中体型最大的成员之一，翼展可达到 13.5 厘米。它们的上翼泛着灰蓝色的光彩，边缘环绕着黑褐色。我们通常看到的是它们的下翼，带有引人注目的眼斑。当它们停歇在树干上或在森林地面取食腐烂果实时，这些眼斑就显得格外醒目。

◀ **红晕绡眼蝶，哥斯达黎加，布劳里奥·卡里略国家公园**

▲ **黎红绡眼蝶，哥伦比亚，阿马卡亚库国家公园**

红晕绡眼蝶和黎红绡眼蝶是体型较小、常在黄昏时分出没的热带美洲蝶类——晶眼蝶族蝴蝶。它们被腐烂的水果所吸引，在潮湿森林地面的浓荫中紧贴地面飞行，通常是在阳光照射的空隙处盘旋，因为雄性在此守卫着领地。晶眼蝶族的蝴蝶会在天南星科植物上产卵，这是为数不多的被眼蝶选择的有毒寄主植物之一。大多数红晕绡眼蝶和黎红绡眼蝶翅膀的大部分是透明的，点缀着有光泽的玫瑰色、紫色或蓝色斑块。一旦它们停息下来，就很难被发现。红晕绡眼蝶会在心叶蔓绿绒上产卵，这是一种常见的林下藤本植物。

▲ **尖翅蓝闪蝶，法属圭亚那**

闪蝶族是美洲大翅环蝶的近亲，其下的闪蝶属共有 29 种成员，全部生活在美洲热带地区，尖翅蓝闪蝶便是其中之一。雄性闪蝶常在热带雨林的溪流或小径上巡视以保卫领地，而雌性闪蝶则多停留在树冠的高层。闪蝶会选择在至少 14 个科的植物上产卵。成年闪蝶主要以树液或腐烂水果为食，有时会降落到森林地面寻找食物。

眼蝶族是眼蝶亚科中最大的一个族群。整个蛱蝶科四分之一的物种都是眼蝶族蝴蝶。其成员细分为13~14个独立的亚族，分布范围几乎遍及全球。该族群的大多数蝴蝶会选择在草或莎草上产卵，许多种类的分布范围已经扩展到北极苔原或高山草甸地区。

◀ **阿奈绿眼蝶，哥斯达黎加，科科瓦多国家公园**
阿奈绿眼蝶广泛分布于美洲热带地区的大部分区域，以鸟粪、腐烂的水果和分解类真菌为食。白天它们通常静伏于热带雨林的灌木丛中，只有当阳光照在森林空地上时才会飞一会儿。雌性阿奈绿眼蝶会选择在傍晚时分将卵产在森林草丛中。幼虫头部生有粗壮且带刺的角。它们的蛹并非像一般蝴蝶的蛹那样向下悬挂，而是从附着的茎上水平伸出。

◀ **橙斑眉眼蝶，马来西亚，沙巴（州），京那巴当岸河**
眉眼蝶亚族约有230多种蝴蝶，广泛分布于从非洲到澳大利亚东北部的地区，被认为是旧大陆热带地区蝴蝶中进化辐射最为壮观的种类之一。这些蝴蝶的幼虫主要以草类、莎草、姜科植物、棕榈树及相关植物为食。成虫喜欢腐烂的水果，也可能会采食花朵。橙斑眉眼蝶，作为眉眼蝶属中的88个物种之一，分布范围从印度一直延伸至东南亚的加里曼丹岛。橙斑眉眼蝶在森林小道上十分常见，飞行迅速且通常贴近地面，途中会频繁停歇。

▶ 潘非珍眼蝶，瑞士

珍眼蝶亚族中的大多数蝴蝶种类主要分布在澳洲及大洋洲地区，然而珍眼蝶属的 42 种蝴蝶却广泛分布于欧亚大陆、北非以及北美地区。其中，潘非珍眼蝶分布范围最广，栖息地从欧洲和西北非向东延伸至蒙古的辽阔区域，它们喜欢开阔的栖息地。雄性潘非珍眼蝶会在其领地内巡逻或栖息，常在阳光直射的温暖石块上等待未交配的雌蝶（已交配的雌蝶通常会避开雄性的领地）。幼虫主要以各种草类为食。

▶ 蓝釉眼蝶，哥伦比亚，阿马卡亚库国家公园

蓝釉眼蝶主要栖息于南美洲的热带地区，特立尼达岛也有分布。它隶属于釉眼蝶亚族，该亚族不仅包含仅分布于中国台湾的单一物种，还包含了约 400 种鲜为人知的热带美洲蝴蝶。为了避免强光直射，釉眼蝶通常栖息于森林的林下层。某些釉眼蝶种类喜欢在黎明或黄昏时分飞翔。蓝釉眼蝶的上翅主要呈现出耀眼的蓝色光泽，这种光泽在紫外线照射下可能产生强烈的反射，这是一种适应性特征，有助于雌雄蝴蝶在森林深处寻找彼此。

◀ **银柱眼蝶，委内瑞拉，埃尔阿维拉国家公园**

美洲的热带地区分布着珍眼蝶亚族银柱眼蝶属的两种蝴蝶，其中银柱眼蝶的分布范围从哥斯达黎加延伸至玻利维亚，主要栖息在山坡上的雨林和云雾林的湿润地带。成虫以腐烂的水果和分解类真菌为食，偶尔也会摄取粪便。幼虫则在夜间取食森林中的莎草。在求偶过程中，雄性银柱眼蝶会在雌性上方盘旋，随后降落在其旁边，振动翅膀的同时用自己的触角触碰雌性的触角。

◀ **阿芬眼蝶，瑞士**

阿芬眼蝶隶属于主要分布在欧洲的莽眼蝶亚族。这一亚族还包括一些北非和亚洲的物种，以及一个栖息在亚利桑那州和墨西哥北部的“孤立”成员——红缘眼蝶。阿芬眼蝶在欧洲的大部分地区以及温带亚洲极为普遍，它们喜欢开阔的林地、树篱以及那些草木繁茂的阴凉之处。

◀ **加勒白眼蝶，瑞士**

白眼蝶亚族下仅有白眼蝶属一个属，该属包括分布于欧亚大陆的20 种蝴蝶种类。与其他眼蝶种类不同，白眼蝶对捕食者来说是有毒的。尽管它们的幼虫食用的是无毒的草本植物，但它们可能会从寄生在这些植物上的真菌中摄取生物碱。成年白眼蝶的外观和飞行方式更接近于“不可食用”的粉蝶科蝴蝶，而不是其他种类的眼蝶。加勒白眼蝶栖息于欧洲和北非的干燥草地以及岩石斜坡。尽管目前它们的数量还比较多，但如果其栖息的草地被树木或农田替代，它们可能会面临灭绝的风险。

▲ **火眼蝶，瑞士**

火眼蝶是阿芬眼蝶的近亲，分布范围覆盖了整个欧洲以及摩洛哥和土耳其西部。它们喜欢草地和牧场，经常出没于草地和牧场的边缘地带、树篱以及花丛环绕的栅栏门口处，这正是其英文名“The Gatekeeper”（守门员）或“Hedge Brown”（树篱眼蝶）的由来。这两种蝴蝶都以幼虫形态越冬。幼虫主要以草和莎草为食。在英国，火眼蝶的活动期从 6 月持续至 8 月，而在气候较为温暖的年份，它们的羽化时间会更早。

酒眼蝶和仁眼蝶

下文中的三种瑞士蝴蝶均隶属于最大的眼蝶亚科——眼蝶亚族。它们都是一年一代的蝴蝶，以幼虫形态过冬，并在地面或靠近地面的地方化蛹。

◀ **虚带仁眼蝶，瑞士**

虚带仁眼蝶是一种高山地区的地方蝶种，仅分布在法国南部、瑞士和意大利的山区。它们与分布更广的单仁眼蝶外形极为相似，几乎无法区分。

◀ **高山酒眼蝶，瑞士，阿尔卑斯山脉**

高山酒眼蝶是另一种地方蝶种，仅分布于欧洲阿尔卑斯山脉海拔 1400~2900 米的地区，最常出现在海拔 1700 米以上的干燥山地草原和岩石斜坡。它属于酒眼蝶属，该属蝴蝶广泛分布于北美洲和欧亚大陆的北部山区，其中一些种类甚至横跨这两大地区。

▶ **八字岩眼蝶，瑞士**

八字岩眼蝶栖息于南欧与北非的炎热干燥草原地带。在白日最炎热的时段，这种蝴蝶喜欢在树荫覆盖的树干上休息。国际自然保护联盟（IUCN）已将八字岩眼蝶归类为近危物种，而在中欧地区，它已被认定为濒危物种。

在大约100种主要分布于高山和北极地区的红眼蝶亚族蝴蝶中，除一种外，其余均属于红眼蝶属。该属的成员广泛分布于温带欧亚大陆以及北美洲。一些种类在两个地区均有分布，不过，许多地方性的红眼蝶种类似乎是在更新世时期，在山脉隔离的条件下进化而成的。

◀ **波纹红眼蝶，瑞士，阿尔卑斯山脉**

波纹红眼蝶分布于欧洲和亚洲的山区以及北极苔原。在比利牛斯山脉、阿尔卑斯山脉的东南部、黑山与哈萨克斯坦的杜米托尔山脉和阿尔泰山脉，它们被形态相似的拟潘红眼蝶所取代。这两种蝴蝶在阿尔卑斯山脉的一个狭小区域内会发生杂交现象。历史上，它们似乎是在不同的冰河时期从一个山脉迁移到另一个山脉，因此在开阔平原上相遇并杂交的机会较少。

◀ **波翅红眼蝶，瑞士，阿尔卑斯山脉**

红眼蝶属的蝴蝶通常难以区分，不过，近距离观察时可以通过波翅红眼蝶翅膀边缘上不连续的棋盘状图案将它们区别开来。该物种分为两个独立的种群：一个分布在芬兰和斯堪的纳维亚半岛，甚至在这些地区的海岸线附近也能发现它们的踪迹；另一个则主要栖息在中欧的山区。波翅红眼蝶的英文名“Arran Brown”源自1803年在苏格兰阿兰群岛发现的一只误入该地区的蝴蝶。

▶ **杏仁红眼蝶，瑞士**

在 6 月中旬至 8 月初，许多杏仁红眼蝶可能会聚集在花卉繁茂的山林空地上。阿尔卑斯山脉、意大利的亚平宁山脉以及保加利亚和马其顿的斯塔拉山和科拉布山，是杏仁红眼蝶三个独立种群的栖息地。

▼ **赤带红眼蝶，瑞士，阿尔卑斯山脉**

赤带红眼蝶的视力与其他蝴蝶无异。它之所以被称为“盲眼蝶”（Blind Ringlet），是因为其翅膀上的橙色眼斑缺少了黑色的“瞳孔”。赤带红眼蝶常出没于阿尔卑斯山脉、塔特拉山脉以及喀尔巴阡山脉林线附近的高草地，以及林地边缘地带。幼虫以草还是莎草为食，取决于它们的栖息地。幼虫会经历两次冬眠，并于第二次冬眠后的 5 月底，在由草茎编织成的网中悬挂化蛹。

釉蛱蝶亚科

釉蛱蝶亚科涵盖了众多广受欢迎、外观绚丽的热带蝴蝶种类，这些蝴蝶也是被研究颇多的蝴蝶。在世界各地的蝴蝶馆中，我们经常能见到釉蛱蝶亚科的蝴蝶和生活在北半球温带地区的豹蛱蝶。许多热带釉蛱蝶亚科蝴蝶因含有毒素，成为众多拟态环中重要一环，特别是在非洲和南美洲的拟态环中。釉蛱蝶亚科下分为四个族，其中珍蝶族和釉蛱蝶族曾一度被认为是独立的科。至于亚洲和大洋洲的锯蛱蝶属，它并不完全符合这一分类体系；尽管它与珍蝶族关系最为密切，但或许应当考虑将其归为一个独立的族。

珍蝶族

珍蝶族包含两个主要蝶属——珍蝶属和朿珍蝶属，它们分别代表了新大陆和旧大陆中那些拥有长翅膀、色彩斑斓且不可食用的蝴蝶种类。珍蝶族在非洲的物种多样性尤其引人注目；珍蝶属大约有 200 种，其中仅有 6 种分布于非洲之外的地区；朿珍蝶属大约有 145 种，其中不到一半的种类能在非洲以外的地方找到。这两个属的许多成员，都成了其他蝴蝶贝茨拟态的对象。

◀ **花裙锯蛱蝶，马来西亚（圈养）**
锯蛱蝶属包括 15~17 个物种，它们的翅膀边缘宽阔呈波浪状，翅面主要由红色、黑色和白色构成，翅下装饰着复杂而精致的图案，这些图案由黑色、白色、红色、橙色和黄色组成。锯蛱蝶的栖息地从印度开始，延伸至东南亚，直至新几内亚、所罗门群岛以及澳大利亚的热带地区。花裙锯蛱蝶的分布区域从缅甸南部开始，穿过马来半岛，直至爪哇、加里曼丹岛和菲律宾。人们通常能在森林边缘的花丛中看到它们，或在林间小道的灌木丛中看到它们翩翩起舞。

▲ **黑红黑珍蝶，秘鲁，马努国家公园**

黑红黑珍蝶常见于秘鲁海拔 1400~2700 米的山地云雾林中。它是黑珍蝶属的众多热带美洲蝴蝶物种之一。黑珍蝶属的分类历史较为复杂，曾与其他属（如束珍蝶属）有过分类学上的调整，部分类群尚无正式命名。黑红黑珍蝶属于拟态复合体的一部分，该复合体通常包括袖蝶属和绡蝶属的多种蝴蝶。

釉蛱蝶族

优雅且看似纤弱的釉蛱蝶广泛分布于美洲较温暖的地区，构成了釉蛱蝶族。系统动物学之父林奈（Linnaeus）认为，这些蝴蝶的外观过于柔美，不适合以希腊英雄（如 Danaus，该名字更适合君主蝶）来命名，于是以缪斯女神的居所海利孔山（Mount Helicon）为灵感，将其命名为袖蝶属（Heliconius）。自此以后，昆虫学家纷纷效仿，以缪斯女神、美惠三女神、古典女英雄（如迦太基悲剧女王狄多）以及近代艺术家和诗人来为不同种类的釉蛱蝶命名。其中一个属聂鲁达属（Neruda），便是以智利诗人兼政治家巴勃罗·聂鲁达（Pablo Neruda，1904~1973）的名字命名的。

◀ **绿袖蝶，玻利维亚，鲁雷纳瓦克**

绿袖蝶是九种外观极为相似的蝴蝶中最常见的一种。这九种蝴蝶看起来都是可食用的。这些蝴蝶中有些非常稀有，仅分布于特定地区，其范围从墨西哥延伸至玻利维亚和巴西。它们与较为常见的绿帘维蛱蝶外观相似。绿袖蝶的幼虫主要以西番莲老叶为食，并在这些叶子上伪装成鸟粪。成虫蝴蝶在雨林树冠层中快速飞行，一般不去关注花朵。与其他釉蛱蝶不同的是，它们偶尔会降落在地面上，以新鲜的哺乳动物粪便为食。

◀ **环袖蝶，哥伦比亚（圈养）**

环袖蝶是环袖蝶属中的唯一成员。它们广泛分布于墨西哥至巴西和阿根廷的河岸、路边以及牧场地区。环袖蝶的背部装饰着黑色与亮橙色条纹。雄性环袖蝶常在午后时分四处寻找雌性伴侣。在求偶过程中，多只雄性蝶可能会同时追逐同一只雌蝶，它们快速挥动翅膀，释放信息素以吸引雌蝶，随后降落在雌蝶附近，并轻触其触角以示求偶。图为倒挂在植物茎上休息的环袖蝶。

▶ 珠袖蝶，哥伦比亚，里萨拉尔达

珠袖蝶也是其属中唯一的成员，广泛分布于佛罗里达州、得克萨斯州南部、巴西以及整个西印度群岛，甚至远至美国内布拉斯加州亦有其踪迹。珠袖蝶采取“陷阱路线”觅食法，沿着固定的路线在花丛间飞行。雄蝶白天大部分时间都在寻找雌蝶。它们常在地面上寻找矿物盐，并且会取食凯门鳄和南美河龟的眼部分泌物。

▶ 银纹红袖蝶，法属圭亚那，萨乌尔

银纹红袖蝶是银纹红袖蝶属中分布最广泛的物种，栖息地从美国中南部以及西印度群岛延伸至阿根廷，常出没于花园和荒地。它的分布区域甚至扩展到了加拉帕戈斯群岛，成为加拉帕戈斯群岛仅有的十种蝴蝶之一。此外，银纹红袖蝶在加拿大也有零星分布。尽管它的英文名称“Gulf Fritillary”和“Fritillary”（豹蛱蝶）相似，但银纹红袖蝶与真正的豹蛱蝶并无密切的亲缘关系。银纹红袖蝶幼虫呈鲜艳的橙色，并有分枝状的黑色棘刺，喜欢群居，集体觅食，能够迅速地将西番莲藤的叶子消耗殆尽。

袖蝶属

袖蝶属的蝴蝶通常以黑色为底色，其上点缀着红色、橙色、白色或黄色的条纹或斑块。它们不仅美丽，在蝴蝶园中备受青睐，而且具有重大的科学价值。它们似乎经历了快速的进化，如今形成了43种令人目不暇接、高度多样化、色彩斑斓的物种，其中许多物种间存在拟态现象。同一组的亚种可能看起来与其共享栖息地的其他物种更为相似，而不是与其最近的亲缘物种相似，这一现象已经让科学家们着迷了近两个世纪。除了黑腹果蝇，可能没有其他昆虫在遗传学和进化方面被进行过如此广泛的研究。

◀ **箭斑袖蝶，哥伦比亚，法拉隆内斯**

箭斑袖蝶翅膀上的红色条纹在某些亚种中可见，而在其他亚种中则缺失。这种蝴蝶栖息于云雾林，分布范围从哥斯达黎加延伸至秘鲁的山区，从海平面至海拔 2500 米的地方均有其踪迹。箭斑袖蝶在海拔 800~2000 米的地带出现最为频繁，这一海拔范围高于其近亲艺神袖蝶的栖息地。艺神袖蝶种类繁多，喜欢低海拔栖息地，是一种受到广泛关注并被深入研究的蝴蝶。

◀ **拴袖蝶，厄瓜多尔，阿卢奎因**

拴袖蝶的分布区域横跨墨西哥南部至巴西南部，为袖蝶属增添了一抹霓虹蓝。雄性拴袖蝶有的选择与刚破蛹而出的雌性交配，有的在自己的交配领地内展开求偶行为。选择前者交配方式的雄蝶体型较大，因此在雌性破蛹而出时可能更占优势，能更有效地争夺交配机会；而选择在领地求偶的雄蝶体型通常略小，在争斗中不容易损伤自己的翅膀，更擅长将竞争者驱逐出自己的领地。

▶ **青衫黄袖蝶，哥伦比亚（圈养）**

青衫黄袖蝶的栖息地横跨墨西哥至委内瑞拉和厄瓜多尔。这种蝴蝶拥有 13 个不同的亚种，它们翅膀上白色条纹的深浅和完整性各有差异。这些差异可能与它们在不同穆勒拟态圈中的角色有关。例如，巴拿马的亚种在外观上模仿了另一种不可食用的袖蝶属成员——白裳蓝袖蝶。

▲ **羽衣袖蝶，秘鲁，廷戈马里亚**

羽衣袖蝶是一种亚马孙地区极为多变的蝴蝶，分布范围从委内瑞拉和秘鲁一直延伸到巴西南部。同一地点的羽衣袖蝶，可能存在七种不同的色型，这七种色型分别模仿了七种苹绡蝶属蝴蝶。其中一些色型携带着广泛分布的“虎斑拟态”复合体中的橙色、黑色和黄色图案的变种。秘鲁的双色亚种蝴蝶虽然独具特色，但它也是模仿了美色苹绡蝶。这种拟态显然是由一组基因复合体控制，这组基因复合体作为一个“超基因”整体发挥作用。

▶ **黄条袖蝶，厄瓜多尔，阿卢奎因**

在得克萨斯州南部的夏季除了可以看到艺神袖蝶外，还能见到美国本土唯一的袖蝶——黄条袖蝶，其名称源自希腊神话中的三位美惠女神。黄条袖蝶在佛罗里达州南部和得克萨斯州南部极为常见，偶尔也会飞抵新墨西哥州、内布拉斯加州以及南卡罗来纳州。它的分布范围广泛，从西印度群岛向南延伸至南美洲的亚热带地区。黄条袖蝶喜欢栖息于灌木丛和森林边缘地带，其活动区域覆盖了从海平面至海拔 1800 米的地区。

彩蛱蝶族

彩蛱蝶族主要包括众多栖息于东南亚和大洋洲的森林蝴蝶。实际上，其中一些彩蛱蝶可能属于豹蛱蝶族。

◀ **文蛱蝶，泰国，凯恩·斯里纳卡林国家公园**
图为一只雄性文蛱蝶，是泰国和马来西亚半岛高地的一种知名森林蝴蝶。在马来西亚低地至新几内亚地区，则由体型较小、颜色较深的台文蛱蝶取而代之。雌性文蛱蝶颜色更深、更偏棕色，双翅各有一道宽阔的白带。雄性文蛱蝶常降落于地面，寻找腐肉或被尿液浸湿的土壤，有时也会落在靴子或衣物上寻找矿物盐。它们的幼虫以西番莲属植物为食。

▶ **紫彩帖蛱蝶，印度尼西亚，苏门答腊，古农勒塞尔国家公园**
帖蛱蝶属的八种蝴蝶主要栖息于东南亚和大洋洲的雨林下层，通常在清晨开始活动，随后会安静地停留在叶片背面。紫彩帖蛱蝶的分布范围从缅甸延伸至爪哇的低地森林边缘。在新加坡，这种蝴蝶的唯一已知的幼虫寄主植物是堇菜科的三角车属。其蛹形态独特美丽，呈现出鲜亮的绿色，并缀有红色和黄色的尖角。

豹蛱蝶族

豹蛱蝶族包含 100 多种蝴蝶，主要栖息于北温带地区，分布范围横跨欧亚大陆及北美洲的北极和高山地带。伊拉米属蝴蝶原生于南美洲的温带地区，翩蛱蝶属则主要分布在美洲的热带地区，其中翩蛱蝶的分布范围一直向北延伸到美国大部分地区。在外观上，绝大多数豹蛱蝶的上表面呈橙棕色，并伴有黑色条纹和斑点。许多种类的下表面，特别是后翅的下表面，都有银色斑点。

▶ 提珍蛱蝶，瑞士，阿尔卑斯山脉

宝蛱蝶属中的许多小型蝴蝶栖息于遥远的北方或北半球的高山地带。提珍蛱蝶是其中体型较大的一种，翼展介于 3.5~4.5 厘米。提珍蛱蝶栖息于芬兰南部（尽管数量稀少）、波罗的海沿岸国家以及苏格兰高地、阿尔卑斯山、比利牛斯山脉和中亚平宁山脉的湿润阔叶林。在芬兰，提珍蛱蝶以幼虫形态过冬，直至春天来临才开始活动觅食。

▶ 珠蛱蝶，瑞士

早在 1775 年，珠蛱蝶便获得了“西班牙豹蛱蝶女王”（the Queen of Spain Fritillary）的称号。这一称号首次出现在昆虫学先驱摩西·哈里斯的著作《英国鳞翅目昆虫指南：奥瑞利安便携手册》（*The English Lepidoptera; or, the Aurelian's Pocket Companion*）中，不过书中并未对此称号加以解释。这种蝴蝶在英国较为罕见，但在欧亚大陆的温带地区相当常见。珠蛱蝶的幼虫以多种紫罗兰的叶子为食，它们甚至能在卡拉明堇菜上茁壮成长。食用卡拉明堇菜会摄入大量的锌元素，但是幼虫能将多余的锌通过粪便排出。

线蛱蝶亚科

线蛱蝶亚科曾一度是一个笼统的分类，用来指代那些亲缘关系不明确的蛱蝶。不过，随着分子研究的深入，这一亚科已被界定为一个相对较小且成员间真正具有近亲关系的群体。现今，线蛱蝶亚科被细分为四个族，还包含一些未被归类的离群种类。

◀ **黎蛱蝶，泰国，凯恩·斯里纳卡林国家公园**
黎蛱蝶属于丽蛱蝶族，是丽蛱蝶族分布于亚洲热带地区和澳大拉西亚地区的五个物种之一。这是一种低地森林蝴蝶，栖息地从印度一直延伸至爪哇岛、婆罗洲岛以及巴拉望岛。图中展示的是一只雄性黎蛱蝶。相对而言，雌性黎蛱蝶的色彩较为暗淡，翅膀上多了白色的斑纹，前翅形状更为圆润。黎蛱蝶的幼虫以龙船花属植物为食，它们从叶片尖端开始取食直至吃光整片叶子。幼虫在早期阶段（第一龄期），体表会覆盖着自己的排泄物，但随着成长，体表会逐渐长出分叉的棘刺。黎蛱蝶成虫常在森林中层树叶上晒太阳。

◀ **红帘悌蛱蝶，秘鲁，马努国家公园**
“Adelpha”一词源自希腊语，意为“姐妹”，有超过 90 种的新大陆大型蝴蝶被冠以这一英文名称。尽管悌蛱蝶可能起源于北美洲，但它们在安第斯山脉的低海拔至中海拔地区尤为多样，尤其是在海拔 700~800 米的地带。红帘悌蛱蝶的栖息地从委内瑞拉延伸至厄瓜多尔西部、巴拉圭、阿根廷北部以及巴西东南部。雄性红帘悌蛱蝶常见于森林边缘，以粪便或腐肉为食，而雌性则很少能被观察到。

▲ **红线蛱蝶，瑞士**

线蛱蝶大约有 21 种，其中大部分栖息于欧亚大陆，不过有 4 种（有时被归为拟斑蛱蝶属）分布在北美洲。红线蛱蝶体型较大，较为稀有，分布范围广泛，从欧洲延伸至日本的森林地带均有分布。雌性红线蛱蝶的体型通常大于雄性。这种蝴蝶一年繁殖一代，成虫活动时间从 5 月末持续至 8 月初。雄性红线蛱蝶常落在地面，以摄取土壤或粪便中的矿物质。幼虫主要以杨树叶为食，但不吃叶中脉。吃完叶子后残留的叶中脉上面覆盖着幼虫的排泄物，即粪沙。

苾蛱蝶亚科

大多数苾蛱蝶亚科蝴蝶栖息在新大陆的热带地区，但也有部分种类，如波蛱蝶属蝴蝶，栖息在非洲和亚洲热带。该亚科下分六个族。在苾蛱蝶亚科中，大多数幼虫以大戟科植物为食，但两个亲缘关系密切的族——荫蛱蝶族和图蛱蝶族，包括涡蛱蝶属的蝴蝶——已经转换了寄主植物，主要摄食无患子科植物。大戟科和无患子科的植物都含有毒素，能够传递给幼虫。

◀ **雄性黑蛱蝶，哥伦比亚（圈养）**
◣ **雌性黑蛱蝶，哥伦比亚（圈养）**
哥伦比亚至玻利维亚一带湿润森林中的黑蛱蝶，其雄性和雌性个体差异极大，以至于它们曾一度被认为是完全不同的物种。雄性黑蛱蝶前翅下方长有一簇长长的发香鳞。它们栖息在树干、阳光的叶片或落枝上。无论是雄性还是雌性，都以腐烂的水果为食。幼虫成熟时，呈现出鲜绿色，并且身上长有红黑相间的分刺，可能用于防御捕食它们的蚂蚁。

▶ 朱履蛱蝶，哥伦比亚（圈养）
朱履蛱蝶隶属于苾蛱蝶族，该族包括新大陆和旧大陆的属。作为朱履蛱蝶属的唯一成员，朱履蛱蝶广泛分布于从得克萨斯州南部到巴拉圭一带的半开阔且干燥的森林中。幼虫以野漆为食，这种植物长有螯毛、有毒，幼虫取食后积累的毒素能够使成虫带毒。朱履蛱蝶翅膀上醒目的花纹和缓慢的飞行速度表明，它几乎不惧怕捕食者。雌雄两性外观相似。

▶ 贝茨蛱蝶，秘鲁，马努国家公园
贝茨蛱蝶是一种栖息于亚马孙盆地上游雨林中的美丽生物，隶属于闪蛱蝶族。成蝶主要在森林的中下层活动，以腐烂的水果、树干伤口处渗出的汁液为食，偶尔也会取食新鲜的粪便或哺乳动物腐烂的尸体。它们常头朝下栖息在树干上，或在阳光斑驳的森林空地上缓缓盘旋滑翔。此外，它们可能具有令捕食者厌烦的味道。幼虫以群居的方式，在大型森林树木——塔凯榛桐（属于大戟科）上觅食。

▲ **涡蛱蝶，哥伦比亚，里萨拉尔达**

图蛱蝶族是一群体型小巧、色彩斑斓的美洲热带蝴蝶，下翅通常有着醒目的斑纹。涡蛱蝶是这一族群中的一员，栖息于湿润的森林，分布区域从尼加拉瓜延伸至厄瓜多尔一带。与涡蛱蝶属其他蝴蝶相似，涡蛱蝶的翅膀上似乎标有数字 88、89，有时是 80。它喜欢待在被尿液浸透的土壤上，还可能会在人类居住区附近大量聚集。成熟的幼虫会长出一对细长尖锐的角（也称为棘刺）。一旦受到干扰，它们会竖起身体并剧烈扭动。

▶ 蛤蟆蛱蝶，秘鲁，坦博帕塔国家自然保护区

蛤蟆蛱蝶属中的 20 种蝴蝶之所以被称为“crackers”（咔嗒声），是因为雄性蛤蟆蛱蝶极具领地意识，在飞行中追逐对手或雌性时会发出“咔嗒”的声响，不过，有些物种已经丧失了这种能力。这些蝴蝶会头朝下趴在树干上休息，与周围的树皮融为一体。它们主要以腐烂的水果为食。蛤蟆蛱蝶因其下翅基部呈红色而得名“Red Cracker”，栖息在从墨西哥到亚马孙盆地以及特立尼达岛的干燥次生林或受扰林中。

▶ 雄性弧蓝蛱蝶，秘鲁，马努国家公园

荫蛱蝶族中包含了八个属的美洲热带蝴蝶，这些蝴蝶飞得很快。星蛱蝶属蝴蝶翅膀上、下两面都闪烁着金属般的光泽，而下翅的基部则有红色的斑块。像弧蓝蛱蝶这类雄蝶，经常光顾路边或河岸的土块，用格外洁白的喙吸食矿物质。一旦受到惊扰，它们会飞向周围的树木。其闪耀的色彩可能会分散那些试图在飞行中捕捉它们的捕食者的注意力。

▶ 宽带火蛱蝶，哥伦比亚，里萨拉尔达

南美洲热带地区的宽带火蛱蝶隶属于包含六种具有醒目斑纹的火蛱蝶属。在萨尔瓦多，其近亲——火蛱蝶的几只雌蝶可能会在同一醒神藤上产卵，这种藤与瓜拉纳同属。醒神藤含有有毒生物碱，可能会使幼虫和成虫都有毒（尽管如此，其幼虫仍会受到寄生蜂的攻击）。成虫并不采食花蜜，而是以腐烂的水果、树木伤口处渗出的汁液和粪便为食。

▲ **双带荫蛱蝶，秘鲁，马努国家公园**

荫蛱蝶属包含大约 15 种山林蝴蝶。双带荫蛱蝶的分布范围从阿根廷一直延伸到哥斯达黎加，但在哥斯达黎加的云雾林和山间隘口并不常见。雄性双带荫蛱蝶会在树冠层中追逐其他蝴蝶，这些树冠层是它们喜欢的栖息处。它们似乎只吃新鲜的哺乳动物粪便或腐肉。雌性双带荫蛱蝶上午待在树冠层，有时会被地面腐烂的水果所吸引，飞落地面。

◀ **裕后图蛱蝶，秘鲁，坦博帕塔国家自然保护区**

◣ **阿塔卡马蛱蝶，哥斯达黎加，圣伊西德罗**

图蛱蝶在美洲热带雨林的湿润地带极为常见，它们如宝石般小巧玲珑。人们为了制作旅游纪念小饰品，大量捕杀图蛱蝶。人类皮肤对图蛱蝶有一种特殊的吸引力，它们常常会停落在游客身上，吸食汗水。目前，已确认有 20 种图蛱蝶，但根据幼虫形态和分子数据的分析，一些种类或许应归入其他属。与涡蛱蝶相似，图蛱蝶翅膀下的图案激发了人们的无限想象，从而赋予了它们富有创意的英文名称。例如，在亚马孙地区发现的裕后图蛱蝶，英文名“BD butterfly”便源于其后翅上勾勒出的“BD”字母图案。

闪蛱蝶亚科是热带蛱蝶的近亲。它们体型健硕，色彩斑斓，几乎遍布全球。不过 20 个属中有 13 个分布在南亚和东亚地区，仅有荣蛱蝶属和星纹蛱蝶属的蝴蝶栖息于美洲。

许多闪蛱蝶是其他蝴蝶的密切拟态者，尤其是某些绢斑蝶属蝴蝶。闪蛱蝶幼虫主要以朴树及其亲缘植物为食。然而，大约在 2700 万年前，闪蛱蝶属的蝴蝶转而取食杨柳科的植物。这一转变颇具挑战，因为杨柳含有一种名为水杨酸苷的化学物质，对幼虫来说是有毒的。为了能在这些新寄主植物上生存，这些蝴蝶必须先进化出一种防御机制来对抗水杨酸苷。

▶ **芒蛱蝶，西马来西亚，金马伦高原**
芒蛱蝶是东南亚低地原始雨林中的一种蝴蝶。雄性芒蛱蝶擅长模仿斑蝶科的白壁紫斑蝶。雌性体型较为庞大，能够模仿白壁紫斑蝶的雄性或雌性形态，展现出多种中间形态。与飞行能力较强的雄性不同，雌性芒蛱蝶的后翅更为圆润，并且它们模仿的是白壁紫斑蝶那种缓慢而优雅的飞行方式。无论是雄性还是雌性，都拥有金黄色的眼睛。它们会将卵产在山黄麻属的植物上，山黄麻属是榆科的一种。

▶ **烙印荣蛱蝶亚种，哥伦比亚，里萨拉尔达**
烙印荣蛱蝶是荣蛱蝶属中的 15 种美洲热带蝴蝶之一，栖息在从墨西哥到巴拉圭的低海拔云雾林中。图为一只雄性烙印荣蛱蝶。雌性烙印荣蛱蝶的翅膀上有一条宽阔的白色带，顶部为橙色。烙印荣蛱蝶外观与某些悌蛱蝶属蝴蝶相似，这可能是一种拟态现象。雌性通常选择树冠高处作为栖息地，而雄性则会下落到地面，以腐烂的水果和湿润的土壤为食。本图展示的是安第斯山脉北方的烙印荣蛱蝶亚种，有时人们将其视为一个独立的物种。

▲◀ 紫闪蛱蝶，瑞士

紫闪蛱蝶是欧洲最受欢迎的蝴蝶之一，以其雄性上翅呈现的紫色光泽而闻名，分布范围从中欧向东延伸至中国和韩国。紫闪蛱蝶大部分时间都待在高高的树上，并且数只雄性紫闪蛱蝶可能会聚集在附近最高的橡树上。当雌性紫闪蛱蝶出现时，占优势的雄性会展开追逐，驱逐其他竞争者，并追随雌蝶，有时要追出长达 500 米的距离，之后才会进行交配。

丝蛱蝶亚科是一个分布广泛的小亚科，其中丝蛱蝶属和坎蛱蝶属两个属，主要栖息在旧大陆的热带地区，而第三个属风蛱蝶属，则仅栖息在美洲地区。

▲ **雪白丝蛱蝶，马来西亚，沙巴州，淡汶安**

这 20 种丝蛱蝶，因其翅膀表面精致的线条图案而得名，分布范围从非洲一直延伸到大洋洲的新几内亚。雪白丝蛱蝶栖息在从缅甸到小巽他群岛的热带雨林中。它们常常在高高的树梢间起舞，或者在树叶下方休憩，最常见于森林边缘以及溪流、小径旁。与其他种类的雄性丝蛱蝶一样，雄性雪白丝蛱蝶也常常落在湿润的地面上，并展开翅膀停留一会儿。

凤蛱蝶属

这 17 种凤蛱蝶后翅上那纤细且脆弱的尾突，令人不禁联想到凤蝶。不过，凤蛱蝶的触角呈直立状，而非弯曲状，且与所有蛱蝶科的蝴蝶相同，它们仅拥有四条功能性腿，而非六条。凤蛱蝶飞行既迅速又充满活力，经常造访花朵。雄性凤蛱蝶常常成群结队地聚集在湿润的地面上，以寻找矿物质盐分。幼虫头部长有两根长刺，背部则排列着一排较短的刺。

◀ 雄性召龙凤蛱蝶，秘鲁，马努国家公园

召龙凤蛱蝶的身体和翅膀底部下侧基部如服务员的制服般洁白无瑕，分布范围从墨西哥一直延伸到巴西，在得克萨斯州南部也有零星分布。它们生活在各种海拔的不同栖息地中，但最常见于云雾林。雄性召龙凤蛱蝶有时会摄食粪便，并可能大量聚集在水坑边。雌、雄两性均会访问破布木属和巴豆属植物的花朵，成蝶常常紧贴在叶子底面，群聚栖息。

◀ 雄性火纹凤蛱蝶，哥伦比亚，里萨拉尔达

雄性火纹凤蛱蝶有两种形态，其中一种翅膀上有一条虹彩紫色斑带。作为雨林中最引人瞩目的蝴蝶之一，它的分布范围从尼加拉瓜向南延伸至阿根廷。与某些同类一样，这种蝴蝶有时会大规模出现并成群迁徙，常常与其他蝴蝶结伴而行。尽管雄性经常飞到湿润的土壤上摄取矿物盐，但雌性却通常停留在树冠层中，因此很少被人类看见。

◀ 剑尾凤蛱蝶，哥伦比亚，乔科省，尤托

剑尾凤蛱蝶是凤蛱蝶属中分布最北的物种。这种蝴蝶在佛罗里达州南部全年可见，已在得克萨斯州和亚利桑那州成功繁殖，并且其活动范围向北可延伸至堪萨斯州和科罗拉多州，向南扩展至巴西。雄性剑尾凤蛱蝶常于 5~10 米高且有阳光直射的树木上寻找配偶。幼虫拥有橙色与黑色相间的条纹，以无花果为食。成蝶则以花蜜为主食，但也会光顾腐烂的水果和湿润的土壤。它们的橙色可能是对珠袖蝶的拟色。

蛱蝶亚科是一个在全球分布的亚科，囊括了500多种蝴蝶，其中不乏一些世界上最知名且分布最广的蝴蝶。这些蝴蝶遍布除南极洲以外的各大洲，并已扩散至众多海岛。夏威夷红蛱蝶，夏威夷群岛上仅有的两种本土蝴蝶之一，便隶属于蛱蝶亚科。它是夏威夷州的官方州蝶，但和许多夏威夷的动物一样，数量正在减少。该亚科下设六个族，其中一个族是枯叶蛱蝶族，包括著名的亚洲枯叶蛱蝶属，它们是蝴蝶界中最完美的叶拟态者。另外，除了这六个族外，蛱蝶亚科还包括了一些似乎并不属于任何一个族的种类。

▶ 蓝抱突蛱蝶，哥伦比亚，里萨拉尔达

端突蛱蝶族仅包括两个属：抱突蛱蝶属和端突蛱蝶属。这两个属共包含六种蝴蝶，它们的栖息地仅限于热带美洲地区。蓝抱突蛱蝶是一种栖息于雨林树冠层的蝴蝶，上翅呈黑色，有一条虹彩的蓝色斑纹穿过，分布范围从哥斯达黎加延伸至亚马孙地区。在某些情况下，其形态特征可能更接近于其他相关物种。蓝抱突蛱蝶并不采食花蜜，而是以腐烂的水果为食。雄性蓝抱突蛱蝶常栖息于树干之上。

蛱蝶族

蛱蝶族包含大约 100 种蝴蝶，遍布全球各地，其中包括一些最为人熟知的北温带蝴蝶种类。这些温带物种往往以成虫形态进入冬眠状态，是春季最早出现的蝴蝶之一。

◀▲ 小红蛱蝶，瑞士

小红蛱蝶是红蛱蝶属的 19 种蝴蝶之一，也是全球分布最广泛的蝴蝶。除了南美洲和南极洲，它在其他各大洲均有分布。小红蛱蝶还是最知名的迁徙蝴蝶之一，经常穿越北非与南欧之间的地中海。它们还会从墨西哥向北迁徙，直至加拿大，有时数量极为庞大。幼虫以 100 多种植物为食，不过幼虫和吸食花蜜的成虫都特别喜欢蓟属植物。

◀ 优红蛱蝶，瑞士

优红蛱蝶分布广泛，适应力强，具备卓越的迁徙能力。这种蝴蝶遍布北半球的多个地区，并被引入至夏威夷和新西兰。优红蛱蝶广泛栖息于北美和中美洲开阔地带，最南至危地马拉。尽管成虫具有冬眠的习性，但在严酷的冬季，大多数北方的优红蛱蝶仍会死亡，需要依靠南方迁徙者的补充来维持种群数量。幼虫主要以荨麻科植物为食，会折叠荨麻叶为自己搭建一个“帐篷”，仅在觅食时才会现身。

▶ **黄缘蛱蝶，瑞士**

黄缘蛱蝶分布于北半球的大部分温带地区，在北美洲被称作“Mourning Cloak”（黑纱蛱蝶），在英国则被称为“Camberwell Beauty”（坎伯威尔美人蝶），是英国较为罕见的一种蝴蝶。黄缘蛱蝶成虫具有冬眠的习性，通常藏身于松散的树皮之下。在北美东部，它们甚至可能在二月份就出来觅食流动的树液。在寒冷的天气里，黄缘蛱蝶会晒太阳，它们深色的身体有助于热量的吸收。黄缘蛱蝶成虫可以存活长达 10 个月，通常在春季完成交配和产卵后不久便死亡。

▶ **白钩蛱蝶，瑞士**

白钩蛱蝶因其后翅下侧有一个白色的逗号形标记而得英文名“Comma”（逗号蛱蝶）。它是温带欧亚大陆和北非地区的一种蝴蝶，不过在北美洲也有其近亲。白钩蛱蝶会在枯叶中冬眠，其斑驳的棕色下缘和不规则的形状为其提供了伪装。到了春天，苏醒过来的成虫会繁衍出第二代，这些后代会一直存活到秋天，随后它们又会繁衍出下一代，以准备迎接下一个冬季的休眠。

▶ **荨麻蛱蝶，瑞士**

荨麻蛱蝶在温带欧亚地区分布广泛，不过在某些区域，其数量已出现下降趋势。在英国，人们将这种蝴蝶数量的减少归因于一种新入侵的寄生蝇——丽丛毛寄蝇。荨麻蛱蝶每年可繁殖一至两代，秋季孵化的成虫会进入冬眠状态，直至春季苏醒。雄性荨麻蛱蝶会在其幼虫的食物源——荨麻上划定领地。当雌性荨麻蛱蝶飞临，雄性会停落在其后方，并反复用触角轻敲雌性的后翅来求偶。这种求偶仪式有时会持续数小时，之后这对蝴蝶才会进行交配。

维蛱蝶族

维蛱蝶族由四个属组成，这些属的成员主要分布在热带美洲，但也有部分物种扩散至较温暖的温带地区。它们与非洲枯叶蝶的亲缘关系最近，曾一度被认为是与枯叶蛱蝶属更为亲近的非洲热带物种。

◀ 白斑红纹蛱蝶，法属圭亚那

白斑红纹蛱蝶是中南美洲以及小安的列斯群岛部分地区常见的一种蝴蝶。在特立尼达岛，它可能是最常见的蝴蝶，尤其是在雨季开始花朵盛开之际。成虫寿命仅约两周。左图为一只雄性白斑红纹蛱蝶。在雌性白斑红纹蛱蝶中，红色被暗淡的橙色所取代。实验表明，雄性身上的彩色条纹并不会影响雌性的选择，它可能是一种警示标志，起到警告捕食者的作用。

◀ 褐纹蛱蝶，法属圭亚那，萨乌尔

褐纹蛱蝶是纹蛱蝶属五种蝴蝶中分布最广的一种，常见于佛罗里达州阳光充足的开阔地。它们在得克萨斯州南繁殖，并且会迁徙到内布拉斯加州、新墨西哥州和北卡罗来纳州等地。此外，它还广泛分布于西印度群岛，并向南延伸至阿根廷。幼虫以假马齿苋及其近缘植物为食。成虫通常在溪流和排水沟附近活动，但如果周围花朵尚未盛开，它们可能会离开这些看似适宜的栖息地。

▶ **小绿窗维蛱蝶，秘鲁，廷戈马里亚**

小绿窗维蛱蝶，作为窗斑蛱蝶属的唯一成员，是一种分布于巴拿马至玻利维亚地区的森林蝴蝶。它们栖息在海拔高达 1200 米的雨林、落叶林和云雾林中。其翅膀上表面以深棕黑色为主，有一条宽阔的白色斑纹从中穿过，这条斑纹在前翅上会分散成斑点，下方则有一条较窄的橙色斑纹。蝴蝶会访花，例如马缨丹花，而雄蝶可能会落在湿润的沙地上，表现得极为警觉。

▶ **红端帘蛱蝶，秘鲁，马努国家公园**

红端帘蛱蝶是帘蛱蝶属中的三个物种之一，分布范围从墨西哥延伸至秘鲁，偶尔也会零星地出现在得克萨斯州南部或新墨西哥州。在哥斯达黎加，红端帘蛱蝶更喜欢栖息于山地森林，但它们通常也会出现在人类活动区域。雄性红端帘蛱蝶会在森林边缘或溪流断流处盘旋，或在某处栖息等待雌性的到来，同时驱逐领地内的其他竞争者。在厄瓜多尔南部，人们曾观察到这些蝴蝶成群结队地迁徙，与一大群紫盘弄蝶以及未被识别的晏蜓科蜻蜓一同飞行。

▶ **绿帘蛱蝶，秘鲁，马努国家公园**

绿帘蛱蝶是帘蛱蝶属中分布范围最广、最广为人知的成员。其栖息地覆盖了从阿根廷和玻利维亚向北至美国佛罗里达州南部（据说，该物种是在 20 世纪 60 年代从古巴引入此地），以及得克萨斯州最南端的广大区域，活动范围甚至扩展至堪萨斯州的北部。绿帘蛱蝶成虫主要以腐烂的水果为食，但也会寻找其他食物来源，从花蜜到动物粪便均在其取食范围内。绿帘蛱蝶主要栖息在次生林中，外观与热带雨林中的绿袖蝶极为相似，可能存在着拟态现象。

眼蛱蝶族

眼蛱蝶族仅涵盖六个属，却囊括了美洲地区常见的鹿眼蝶以及旧大陆的紫罗兰蝶，它们现在都被归类于眼蛱蝶。此外，该族还包括旧大陆的斑蛱蝶属蝴蝶，这个群体中的很多蝴蝶都会模仿斑蝶亚族蝴蝶。

▲ **翠蓝眼蛱蝶，马来西亚，砂拉越，尼亚国家公园**

眼蛱蝶属包含34种蝴蝶，分布几乎遍及全球。翠蓝眼蛱蝶常见于田野和花园等开阔地带，在非洲的大部分地区、南亚以及澳大利亚的开阔地带尤为普遍。雄蝶的后翅通常展现出更加绚丽的蓝色，因此得名翠蓝眼蛱蝶，而雌性则以较大的眼斑和前翅上更宽阔的橙色斑纹来弥补色彩上的不足。翠蓝眼蛱蝶常常张开翅膀停歇着晒太阳。

网蛱蝶族

网蛱蝶族包含大约 25 个属，涵盖了漆蛱蝶属、花蛱蝶属、巢蛱蝶属、堇蛱蝶属以及其他相关属，还包括一些热带美洲的蝴蝶种类。在网蛱蝶族中，大多数属的分布范围限于美洲。网蛱蝶属本身拥有超过 80 种蝴蝶，其中许多被混称作豹蛱蝶。这些蝴蝶广泛分布于温带的欧亚大陆和北非，其中一种栖息在埃塞俄比亚。中亚地区是该属多样性最为丰富的区域。

▶ 小珠边蛱蝶，瑞士

小珠边蛱蝶是一种栖息于荒地、林间空地以及草原地带的蝴蝶。这种蝴蝶在温带的欧亚大陆分布广泛，东至日本，不过在英国却极为罕见。小珠边蛱蝶的色彩和花纹展现出丰富的多样性。幼虫以多种不同科的植物为食，其中包括车前草属植物。为了生存，小珠边蛱蝶依赖于一系列相互连通的碎片化栖息地。然而，由于人们对森林管理方式的改变导致适宜的开阔地减少，它们在欧洲许多地区的种群数量已经出现下降。

▶ 狄网蛱蝶，瑞士

狄网蛱蝶广泛分布于欧洲中南部、北非、中东以及中亚地区，常见于炎热干燥、草木繁茂的草地和花团锦簇的路边。幼虫主要以车前草属的车前草、堇菜属的紫罗兰、柳穿鱼属的柳穿鱼以及其他多种植物为食。雄性狄网蛱蝶常在隐蔽的裸露洞穴中晒太阳，等待路过的雌性。到了夜晚，无论是雄性还是雌性，它们都会选择在花头上栖息。但如果遇到下雨，它们会退到草丛深处。

◢ 瑰花蛱蝶，哥斯达黎加，奇里波国家公园

花蛱蝶属包含 16 种蝴蝶，常见于热带美洲的林间空地、牧场以及人类活动区域。特别是驼花蛱蝶和菲花蛱蝶这两种，它们的分布范围甚至可达美国南部。其他种类的花蛱蝶偶尔也会迁徙到这些地区。瑰花蛱蝶栖息于尼加拉瓜至巴拿马的湿润山坡上，通常在森林边缘活动。花蛱蝶属其他种类的幼虫，主要以包括虾衣花在内的爵床科植物为食。

第五章

灰蝶

灰蝶家族

灰蝶科中包括了褐小灰蝶，这种蝴蝶很可能是世界上最小的蝴蝶之一，翼展仅有 1.2~2 厘米。它的分布范围从美国西部一直延伸到委内瑞拉。灰蝶科是蝴蝶家族中的第二大科，有 5000~6000 个物种。灰蝶科蝴蝶通常体型较小，翼展不足 5 厘米。大多数灰蝶热衷于吸食花蜜。雄性灰蝶的前肢关节融合且无爪，而雌性灰蝶的前肢则保持正常。与蛱蝶和雄性蚬蝶不同，灰蝶科的雌、雄两性均使用六条腿行走。

灰蝶的幼虫体型粗短，呈蛞蝓状，与大多数其他蝴蝶的幼虫外观截然不同。许多灰蝶幼虫在其幼虫阶段与蚂蚁紧密共生，以分泌物喂养蚂蚁，从而获得蚂蚁保护，这种关系被称为蚁共生。

灰蝶科分为七个亚科，其中最奇特的一个亚科是云灰蝶亚科，包括北美洲的棉蚜灰蝶属。棉蚜灰蝶属的幼虫十分特别，属于肉食性，以蚜虫或其他昆虫为食。

▶ **纯蓝眼灰蝶，瑞士**

纯蓝眼灰蝶，隶属于眼灰蝶亚科，栖息于富含钙质的土壤上，喜欢花繁叶茂的潮湿草地环境，从海拔接近海平面的地区至海拔 2300 米的高地都有分布。这种蝴蝶的分布区域横跨南欧，并向东延伸至乌拉尔山脉和高加索山脉。纯蓝眼灰蝶在低海拔地区每年可繁殖两代，而在高海拔地带仅能繁殖一代。纯蓝眼灰蝶幼虫以岩豆为食，并与蚂蚁如玉米毛蚁、红蚁和灰褐蚁形成共生。它是欧洲唯一一种翅膀边缘宽阔呈白色且下翅带有橙色“V”形斑纹的眼灰蝶。

线灰蝶亚科

线灰蝶亚科的蝴蝶种类极为丰富，目前已知包含 18 个族。除了极地地区，这些蝴蝶几乎遍布全球，尤其是在东亚地区，种类繁多。线灰蝶飞行迅速且轨迹不定，在停息时通常会将翅膀合拢。它们的名字源自翅膀下侧的精致条纹或后翅上毛发状的尾突，尽管有些种类并不具备任何一种特征。线灰蝶的尾突常常与眼斑相结合，形成的图案足以伪装成一个完整的昆虫头部，包括触角，从而迷惑捕食者。线灰蝶通过前后摆动后翅，使得假触角摇曳生姿，进一步增强了这种“假头”的迷惑效果。

◀ 乌洒灰蝶，瑞士

乌洒灰蝶隶属于美灰蝶族，其英文名“White-letter Hairstreak”和学名“Satyrium w-album”均源自其后翅下侧独特的白色“W形”线条。除了花间觅食或追逐其他蝴蝶时活跃外，它通常会静静地栖息在高高的树梢上。尽管乌洒灰蝶广泛分布于欧亚大陆，但它表现出极强的定居性，通常以小群体的形式生活在以榆树为主的栖息地中，因为榆树是其幼虫唯一的食物来源。1976 年荷兰榆树病暴发后，英国的乌洒灰蝶数量急剧减少。

◀ 美灰蝶，秘鲁，坦博帕塔国家自然保护区

美灰蝶属隶属于美灰蝶族，是一类无尾且色彩斑斓的热带美洲灰蝶，共计五种。幼虫以苏铁为食。在这些蝴蝶中，蓝边美灰蝶最为著名。随着苏铁在花园中的普及，蓝边美灰蝶在佛罗里达州东南部的数量已经有所回升。美灰蝶的幼虫会从其寄主植物中吸收一种有毒的生物碱——苏铁素，这使得幼虫和成虫都含毒。成虫鲜艳的颜色很可能充当警示作用。美灰蝶的分布范围从哥伦比亚延伸至秘鲁，以及巴西中部地区。

◀ 虹彩榕灰蝶，厄瓜多尔，巴尼奥斯

虹彩榕灰蝶属于美洲热带地区十几种丽灰蝶中的一种，是一种色彩鲜艳、带有虹彩光泽的安第斯山脉蝴蝶，下翅鲜绿，可在阳光照耀的叶片上起到伪装作用。在厄瓜多尔东部的巴尼奥斯，商贩至少一个世纪以来一直在养殖这种蝴蝶，并以二尾丽灰蝶（Evenus coronata）的名义销售给收藏爱好者。然而，现今“Evenus coronata”（二尾丽灰蝶）这一名称已被另一与其极其相似的中美和南美蝴蝶（Crowned Hairstreak）所占用。虹彩榕灰蝶会选择榕树科植物（无患子目）作为产卵地点，是为数不多会在该科植物上产卵的灰蝶种类之一。

▶ 芙链灰蝶，巴布亚新几内亚，克雷特山

芙链灰蝶，隶属于褐裙灰蝶族，是一种广泛分布于巴布亚新几内亚低地雨林和澳大利亚昆士兰热带地区的大型蝴蝶。它们几乎完全属于澳大拉西亚区域种。每当其寄主植物山麻树发芽时，芙链灰蝶便可能成群结队地出现，可达到数百只之多。雌、雄两性有时会聚集在同一片叶子上。幼虫则栖息在叶片的下表面，它们会在卷曲的叶子内部或地面的枯叶中化蛹。雄性芙链灰蝶的背部呈现出美丽的虹彩蓝色，在森林树冠中高高飞翔。

▶ 珍灰蝶，马来西亚，塔曼尼加拉

许多东南亚线灰蝶分散于不同族中的几个属中，它们共同的特征是拥有令人印象深刻的、如丝般柔滑的白色细长尾突，以及橙白相间并点缀着黑色的下表面图案。珍灰蝶属于旖灰蝶族，在印度、中国南部以及爪哇和菲律宾的低地雨林中十分常见。成虫喜欢阳光充足的开阔地方，以便展开翅膀享受日光浴。雄蝶常栖息于叶片顶端，或造访湿润的土壤区域。它们会以鸟粪为食。

▶ 黄褐杜灰蝶，印度尼西亚，加里曼丹，丹戎普丁国家公园

只有剑灰蝶族的一些黄褐杜灰蝶亚种的前翅上表面有鲜明的橙色斑纹。杜灰蝶属蝴蝶的个体差异较大。许多雄蝶展现出两种不同的形态：一种色彩斑斓；另一种则体型较小、色泽较为暗淡，更接近雌性。雌蝶也表现出多样性。黄褐杜灰蝶的分布范围广泛，从缅甸和中南半岛的南部，向南延伸至爪哇，东至菲律宾的森林地带均有分布。它们飞行轻盈而缓慢，常常回到同一栖息地。

灰蝶亚科

灰蝶亚科由九个属组成，尽管有一种栖息在危地马拉，两种栖息在新几内亚，但是它们大多分布在欧亚大陆和北美洲。灰蝶属大约 60 种蝴蝶，除六种外，均栖息于北半球的温带地区。这六种中有四种栖息在新西兰，两种栖息在南非。与线灰蝶亚科的蝴蝶不同，灰蝶亚科的蝴蝶常常会展开翅膀晒太阳。

▲ 斑貉灰蝶，瑞士，阿尔卑斯山脉

尽管在英国可能还未曾出现过这种蝴蝶的身影，但斑貉灰蝶实际上并不罕见。它的分布范围从西班牙一直延伸到蒙古，在阿尔卑斯山、比利牛斯山和其他山区都很常见，生活在海拔 600~2000 米的亚高山草甸、开满鲜花的牧场和其他草地地区。像图中这只雄蝶一样，雄性斑貉灰蝶具有很强的领地意识，它们会从花头上起飞，赶走竞争对手。雌性则会把卵产在酸模属植物上。

▲ 紫边灰蝶亚种，瑞士，阿尔卑斯山脉

紫边灰蝶的高山亚种虽然没有其名称所指的紫色边缘，但雄性蝶身依然色彩斑斓。这种蝴蝶的栖息地横跨比利牛斯山脉至乌拉尔山脉和阿尔泰山脉，通常栖息于山麓丘陵地带，而在斯堪的纳维亚半岛，则多见于海平面附近的区域。它们喜欢栖息在湿润、开满鲜花的草地或山坡沼泽地带，以小群落形式生活。雄性紫边灰蝶会在那些花蜜丰富的花丛中，守护着 10~20 平方米的领地，通过在空中巡逻或停留在高处来维护其领地的主权。

眼灰蝶亚科的蝴蝶是体型最小、最精致的蝴蝶。这一亚科拥有众多成员，共计121个属，其中眼灰蝶属便包含超过200种蝴蝶。正如其英名“blues”（蓝色），大多数眼灰蝶（至少是雄性）的翅膀上表面会呈现出虹彩蓝色。在飞行过程中，雄性眼灰蝶的蓝色闪光可能是一种向雌性传递的求偶信号，表明附近有求偶者。眼灰蝶是活跃的昆虫，常在花丛间穿梭飞舞。雄性眼灰蝶有时会聚集在池塘或水坑边缘，有时数量可达数百只。然而，许多眼灰蝶种类的分布范围极为有限，部分种类甚至面临极高的灭绝风险。例如，加利福尼亚甜灰蝶的唯一栖息地旧金山因城市的不断扩张而消失，大约在1943年灭绝。在它灭绝后，以其名字命名了西思无脊椎动物保护协会（Xerces Society for Invertebrate Conservation），这是世界上最早的昆虫保护组织之一。

▶ **青娜灰蝶，澳大利亚，昆士兰，丹翠国家公园**
娜灰蝶属共有43种蝴蝶，分布范围从印度一直延伸到澳大利亚和斐济。青娜灰蝶是一种栖息于雨林边缘的蝴蝶，其分布地包括摩鹿加群岛、新几内亚、所罗门群岛以及澳大利亚昆士兰州的北部沿海地区。蝴蝶的翼展大约为3厘米。雄蝶的翅膀上表面呈现蓝色，带有黑色边缘，后翅上有一块浅色斑纹；雌性则呈现黑白相间的色彩。它们那鲜艳的绿色幼虫以两种榼藤为食，并与蚂蚁形成共生关系。

▶ **达梦眼灰蝶，瑞士**
达梦眼灰蝶是一种仅繁殖一代且分布区域局限的蝴蝶，生活在从西班牙到蒙古一带贫瘠的山地草原上。其后翅下侧有一条明显的浅色条纹。在阿尔卑斯山以北地区，随着其幼虫的主要食物来源——红豆草属植物因农业机械化和干旱气候而不断减少，达梦眼灰蝶的数量正急剧下降。由于它在高高的成熟花茎上产卵，因此容易受到放牧和割草的影响。幼虫常在傍晚时分进食，且常有毛蚁属或蚁属的蚂蚁相伴。

第六章

蚬蝶

蚬蝶家族

蚬蝶科的蝴蝶，通常体型较小、色彩鲜艳，主要生活在热带地区。这类蝴蝶英文名之所以被称为“金属斑点”（metalmarks），是因为许多种类的翅膀上都点缀着银色斑点。蚬蝶科的蝴蝶非常活跃。它们更喜欢森林中阳光充沛的地方，会飞到花朵上采蜜，也会以腐肉为食。尽管蚬蝶几乎遍布世界各地，但绝大多数种类（确切来说，在已知的1400多种中，有1300多种）都生活在美洲的热带地区。

在距今2500万年的多米尼加琥珀里，人们发现了保存完好的蚬蝶化石。现如今，蚬蝶科通常不再被视作一个独立的科，而是被归入灰蝶科之中。形态学和遗传学的研究表明，这两个科之间存在着非常近的亲缘关系。雄性蚬蝶的前肢，像蛱蝶以及一些雄性灰蝶一样，已经退化；同时，和灰蝶类似，部分蚬蝶种类的幼虫会与蚂蚁形成共生关系。

蚬蝶科细分为三个亚科，其中古蚬蝶亚科囊括了所有分布在旧大陆的蚬蝶种类，而另外两个亚科优蚬蝶亚科和蚬蝶亚科，则仅仅分布在美洲地区。

▶ **指名暗蚬蝶，马来西亚，砂拉越，姆鲁国家公园**

▲ 指名暗蚬蝶，马来西亚，沙巴州，丹浓河谷保护区
◀ 泰勒暗蚬蝶，印度尼西亚，苏门答腊岛，哈劳峡谷

暗蚬蝶属包含四种来自东南亚的蚬蝶，它们的下腹部为猩红色，并点缀着黑色与金属蓝的斑点，色彩鲜艳极为迷人。不过，这些蚬蝶并不常见。由于它们飞行的高度较低，常在茂密森林的深处栖息，因此较难被发现。指名暗蚬蝶主要栖息在泰国南部、马来西亚半岛、苏门答腊岛以及加里曼丹岛。泰勒暗蚬蝶的分布范围与指名暗蚬蝶相似，不过它在中南半岛地区也有分布。

▲ 橙红斑蚬蝶，瑞士

橙红斑蚬蝶是欧洲独有的蚬蝶，也是红斑蚬蝶属中的唯一成员，以零散的族群形式分布，分布的东部边界一直延伸到乌拉尔山脉。它们喜欢栖息在覆盖有白垩土和石灰石土壤的开阔林地及草地上，因为这些地方正是它们幼虫主要的两种寄主植物——黄花九轮草和欧洲报春的乐园。橙红斑蚬蝶会以蛹的形态度过寒冷的冬季，它们藏匿于地面的枯叶之下，并通过一条丝质束带与寄主植物相连。

▶ 白尾褐蚬蝶，乌干达，基巴莱国家公园

非洲和热带亚洲的褐蚬蝶属蝴蝶统称为“judies”，而尾蚬蝶属的蝴蝶则有着“punches”或“punchinellos”的别称，其他亚洲的蚬蝶则被称作“columbines”和“harlequins”。白尾褐蚬蝶是非洲大陆上仅有的11种蚬蝶之一，广泛分布于尼日利亚至乌干达、南至安哥拉和赞比亚的地区。这种蝴蝶喜欢栖息在森林中相对阴暗的区域，不过，有时候也会出现在亚高山地区的开阔森林地带。

热带美洲蚬蝶在形状、大小和颜色上展现出的多样性，是其他任何蝴蝶群体都无法比拟的。其中许多种类，特别是雌性，都是拟态高手，它们所模仿的蝴蝶（以及日行性飞蛾）种类之多，也是其他蝴蝶家族望尘莫及的。许多蚬蝶物种都具有地方性，数量稀少且鲜为人知。在它们出没的地方，雄性对栖息地的选择（通常聚集在此等待雌性经过）可能异常挑剔，年复一年地占据相同的区域，并且仅在一天中的特定时间段现身。

◀ **须缘蚬蝶，哥伦比亚，莱蒂西亚**

须缘蚬蝶属包括三种蝴蝶，它们的后翅尾突特别引人注目。其中，须缘蚬蝶是南美洲北部低地雨林中尤为常见的一种，通常生活在海拔 200~300 米的区域。它们喜欢栖息于沼泽地带，尤其是森林环礁湖边缘的树叶下。在天南星科溪边芋属植物单片卷起的叶子中，人们曾观察到超过 20 只幼虫和蛹聚集在一起。

◀ **埃腊蚬蝶，巴西，伊瓜苏国家公园**

埃腊蚬蝶是腊蚬蝶属中的一个成员，该属总共有 14 种蝴蝶。埃腊蚬蝶的分布范围广泛，涵盖了厄瓜多尔、秘鲁、巴西以及阿根廷的北部地区。其近亲——舒来腊蚬蝶的分布范围则更北，一直延伸到美国得克萨斯州的最南端。雄性腊蚬蝶的翅膀上部闪耀着鲜明的虹彩光泽，主要以蓝色或蓝绿色为基调，并点缀着黑色斑点。雌性的翅膀通常为褐色，较为罕见。腊蚬蝶飞行速度相当快，且飞行轨迹难以捉摸。在晴朗的日子里，雄性埃腊蚬蝶会显得格外活跃，它们贴近地面飞行，并频繁地降落在湿润的沙洲上。

▲ 红臀凤蚬蝶，玻利维亚，科罗伊科

▶ 红臀凤蚬蝶，秘鲁，马努国家公园

凤蚬蝶属下辖的八种蝴蝶，堪称蝴蝶界中的佼佼者，令人不禁联想到东亚的燕凤蝶属蝴蝶。其中的红臀凤蚬蝶或悠然自得地栖息在林冠层中，或在叶子下方翩翩起舞。雄性红臀凤蚬蝶会降落至地面，寻觅矿物质盐。这是一种云林蝴蝶，主要栖息于厄瓜多尔、秘鲁及玻利维亚，海拔高达2000~3000米的山间。红臀凤蚬蝶能从胸部伸出一个小巧的黄色囊状物，但这一器官的具体用途尚不清楚。

▶ 长尾松蚬蝶，秘鲁，廷戈马里亚

长尾松蚬蝶，作为松蚬蝶属中三种璀璨夺目的雨林物种之一，分布范围从墨西哥南部一直延伸至秘鲁部分的亚马孙雨林。在这片广袤的雨林中，它们常出没于森林边缘、溪流旁，或是那些阳光照射下的林间空地。清晨时分，雄性长尾松蚬蝶会在离地面3~8米高的叶片下活动，或追逐其他昆虫，或静候交配伴侣。不久之后，它们会降落至地面觅食。这些蝴蝶的幼虫主要以两种雨林树木为食，一种是使君子科的植物，另一种则是大戟科的西马比木。

◀ **紫松蚬蝶，秘鲁，马努国家公园**

紫松蚬蝶的分布地域广泛，从巴拿马一路延伸至玻利维亚和巴西。它们经常现身于海拔800~1200米的森林边缘、溪流旁以及阳光斑驳的林间空地。这种蝴蝶对斑驳的阳光情有独钟，在午后早些时候，它们最为活跃。在干燥的天气里，紫松蚬蝶有时会飞到溪流边的岩石上，觅食鸟粪。无论是雄性还是雌性，都会光顾泥泞的土壤，而且往往与其他蝴蝶结伴而行。它们特别喜欢那些开着小白花的树。

◀ **海陆蚬蝶，哥伦比亚，乔科省，波劳多**

海蚬蝶属的蝴蝶与蛾类相似，通常栖息在低地雨林的叶片之下。在同类体型的蝴蝶中，海蚬蝶属的喙管尤为细长，其长度甚至可达到头部与身体总长度的1.5倍。在海蚬蝶蛹期，有一个延伸的鞘包裹并保护着正在生长发育的喙管。这些蝴蝶的幼虫主要以姜科植物及其亲缘植物为食，它们对花朵情有独钟，而对叶片则不太感兴趣。海陆蚬蝶的分布范围从墨西哥的东南部一直延伸到玻利维亚。

◀ **菲螟蚬蝶，哥伦比亚，里萨拉尔达**

螟蚬蝶属是一个包含众多体型较大蝴蝶的大家族。这些蝴蝶主要以棕色或暗橙色为主色调，偶尔也会出现紫色，身上还点缀着波浪状的黑褐色条纹。它们的分布地域从美国西南部一直延伸到阿根廷，其中有两种分布范围可达亚利桑那州，而其他几种则罕见地出现在得克萨斯州南部。菲螟蚬蝶的分布范围更是广泛，从墨西哥南部一直延伸到圭亚那和特立尼达及多巴哥。在哥斯达黎加，菲螟蚬蝶有时会在中午时分悄然现身，它们或沿着森林边缘翩翩起舞，或翱翔于溪流上空。无论是雌性还是雄性，都喜欢访问那些开着小白花的植物。

▶ 蓝媚蚬蝶，玻利维亚，科罗伊科

媚蚬蝶属包含了 11 种热带森林物种，分布地域十分广阔，从墨西哥一直延伸到中美洲，直至南美洲的北部地区。雄性媚蚬蝶的上半身主要为黑色，并点缀着如同彩虹般绚烂的蓝色斑纹。这些蝴蝶的幼虫拥有一种独特的外形，它们被一个既宽阔又坚硬的甲壳所包裹，这个甲壳的形状类似于乌龟壳，覆盖着它们的腿和身体。尽管蚂蚁会照顾这些幼虫，但据菲利普·德弗里斯（Philip de Vries）所述，这种照顾往往并不十分积极或主动。媚蚬蝶的飞行速度快且轨迹多变，在飞行时会发出清晰的嗡嗡声。蓝媚蚬蝶分布于圭亚那、巴西和玻利维亚。

▶ 黑眉纹眼蚬蝶，法属圭亚那

黑眉纹眼蚬蝶栖息于安第斯山脉以东的亚马孙盆地以及圭亚那地区的热带雨林。由于其前翅上有醒目的大型眼斑，纹眼蚬蝶属的蝴蝶常被称作纹眼蝶。雌、雄蝴蝶均具有这些显目的眼斑，不过雌性通常为棕色，并在翅膀上有一道宽阔的白色横带。与其他热带蚬蝶一样，雄性黑眉纹眼蚬蝶通常成小群出现，大部分时间栖息在叶子底面，雌性则很罕见。

第七章

蝴蝶的翅膀

蝴蝶成虫的主要职责是繁衍后代，而它们的翅膀则是其生存的关键。翅膀上展示的色彩和图案，可能用于吸引配偶、震慑竞争者、警告掠食者，或是帮助它们躲避天敌的视线或攻击。飞行能力使得蝴蝶能够自由地在各地穿梭，这不仅避免了近亲繁殖，还为它们寻找理想的伴侣和产卵场所提供了最佳机会，从而确保蝴蝶种群不会局限于某一区域，防止过度拥挤。蝴蝶的飞行方式受到翅膀形状和大小的影响，但更关键的是由它们的需求决定。

▶ 绿鸟翼凤蝶，巴布亚新几内亚，莱城（凤蝶科：凤蝶亚科）

对于一只被鸟类追捕的蝴蝶来说，快速而不规则的飞行可能是逃脱追捕的救命稻草。不过，那些不可食用的丛林帛斑蝶会选择从容不迫地慢慢飞行，因为它们天生就知道捕食者会主动避开自己。至于雄性绿鸟翼凤蝶，它们身上那耀眼的绿黑相间图案，其实是在向捕食者发出警告，表明自己也是不可食用的。

▶▶ 丛林帛斑蝶，马来西亚州，沙巴州，波令温泉（蛱蝶科：斑蝶亚科）

颜色和图案

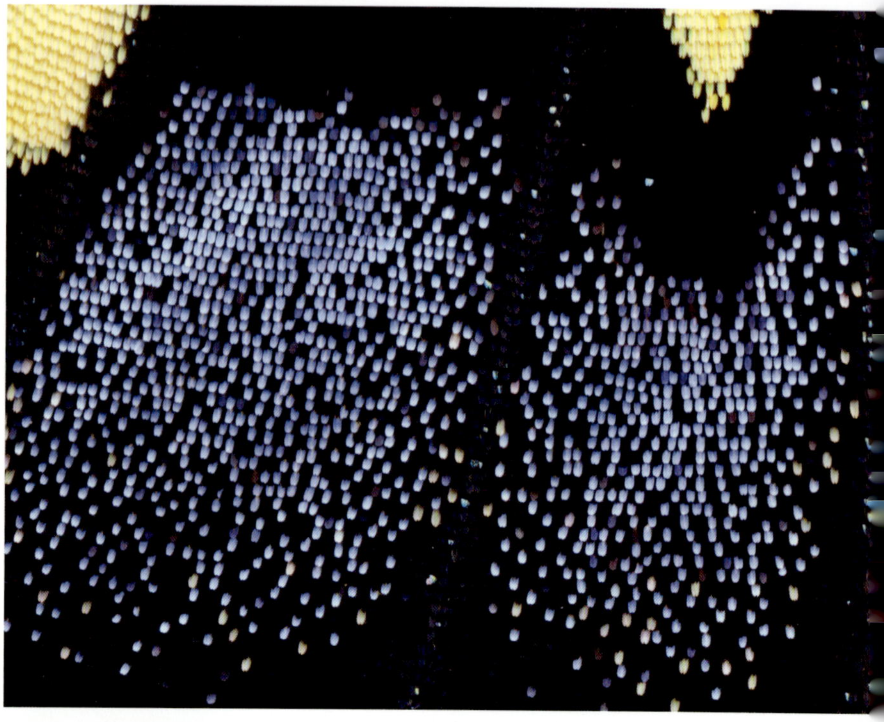

◥ **金凤蝶，瑞士（凤蝶科：凤蝶亚科）**

▶ **钩粉蝶，瑞士（粉蝶亚科：黄粉蝶亚科）**

蝴蝶依靠丰富的色彩和图案，不仅能吸引配偶、击退竞争者，还能巧妙地躲避天敌。深色调有助于蝴蝶吸收热量，白色则能反射阳光。这些色彩与图案大多源自蝴蝶翅膀上覆盖的细小鳞片层。许多蝴蝶的颜色正是由鳞片中积聚的色素所形成的。这些鳞片极其微小，甚至比尘埃粒子还小，在金凤蝶和钩粉蝶翅膀的特写镜头中，你至少能清晰地看到部分鳞片。钩粉蝶翅膀上的鳞片含有装载蝶呤类色素的微小卵形颗粒。蝶呤类色素是首次在蝴蝶翅膀中被发现的一类色素。蝶呤能够吸收包括紫外线在内的光线，而这些卵形颗粒则会散射那些未被色素吸收的光波。颗粒排列得越紧密，反射的光线就越多，从而使得颜色更加鲜艳夺目。

◤ 褐斑网蛱蝶，瑞士（蛱蝶科：蛱蝶亚科）
◀ 绿帘蛱蝶，秘鲁，马努国家公园（蛱蝶科：蛱蝶亚科）
▲ 窄斑尾蛱蝶，印度尼西亚，苏门答腊，古农勒塞尔国家公园（蛱蝶科：螯蛱蝶亚科）
◣ 红锯蛱蝶，马来西亚（圈养，蛱蝶科：釉蛱蝶亚科）

蛱蝶翅膀上复杂的图案显然是从其祖先的条纹、色带和斑点排列演化而来的，这些元素随着时间的推移经历了修改、变化，甚至部分淘汰。这种基本的蛱蝶平面图（NGP）衍生出了多种多样的图案，比如褐斑网蛱蝶和红锯蛱蝶下翅上那繁复的图案阵列，以及绿帘蛱蝶和窄斑尾蛱蝶那耀眼的色彩，甚至还包括了亚洲叶拟态蝴蝶身上那令人称奇的枯叶伪装图案。

▲ **巴黎翠凤蝶，泰国，考艾国家公园（凤蝶科：凤蝶亚科）**
巴黎翠凤蝶翅膀上的黑色与蓝色其实是结构色。这些颜色并非源自色素，而是光线在其鳞片表面复杂的微雕结构上发生折射而产生的。尽管黑色是基于黑色素形成的，但鳞片的特殊结构进一步增强了这种颜色的深度。近期，科学家们致力于研究蝴蝶产生结构色的机制，以期将这些原理应用到人类的技术领域，比如太阳能电池的设计以及钞票防伪图案的制作。

◥▶ **金凤蝶，瑞士（凤蝶科：凤蝶亚科）**
在幼虫体内，翅膀最初是以一种类似芽的形式出现的。芽的中心区域会逐渐发育成为翅膀的主体部分，而环绕其周围的一条边缘带则会形成翅膀的边。鳞翅目昆虫的翅膀边缘带相较于其他昆虫而言更为宽阔，并且显然是由不同的基因来进行调控的。这里涉及一个被称为"分子饼干切割机"（molecular cookie cutter）的复合物，它由基因和蛋白质组成，负责指导翅膀边缘的生长过程。这个复合物会使某些区域得以生长，而其他区域则会逐渐退化。最终，这样的生长模式可能会导致蝴蝶形成波浪形边缘，或者是像金凤蝶那样的尾突形状。

◀ **大二尾蛱蝶，泰国，考艾国家公园（蛱蝶科：螯蛱蝶亚科）**
蝴蝶和蛾类的翅膀形状展现出了其他昆虫目无法比拟的多样性。形状不仅影响着它们的空气动力学性能，还使得它们的外形更加接近于枯叶或树皮，有助于昆虫进行拟态伪装。形状与图案相辅相成：锯凤蝶和大二尾蛱蝶起伏的翅缘，更是增强了它们身上波浪状色带的装饰美感。

眼斑

▶ **黑猫头鹰环蝶，哥斯达黎加，拉塞尔瓦（蛱蝶科：眼蝶亚科）**

如果没有那双巨大的眼斑，图中这只黑猫头鹰环蝶可能很难被发现。眼斑是蝴蝶的一种防御机制。许多蛱蝶翅膀边缘的小眼斑可能会误导鸟类，使其攻击出现误差，而大眼斑则可能使鸟类受到惊吓。一些科学家曾认为眼斑的作用仅限于此，但最近的研究表明，当眼斑逼真地模拟出大型动物的眼睛时，它们可能会完全吓跑捕食者。小鸟（也许还有其他捕食者）天生就对凝视它们的大眼睛充满恐惧。鸟类看到大眼斑中“闪光”的方式可能与我们不同。由于鸟类能在紫外线范围内视物，而在紫外线下，这些闪光会显得更为巨大。大多数蝴蝶眼斑都能在紫外线下反射光，这可能是为了应对鸟类的攻击而进化出来的。

▲ **金凤蝶，瑞士（凤蝶科：凤蝶亚科）**
眼斑不一定要令捕食者害怕才有用。金凤蝶翅膀边缘的红色斑点可能看起来不像眼睛，但它同样能引起捕食者的注意。如果一只鸟被这个斑点吸引并攻击它，那么这只蝴蝶可能只会遭受翅膀被撕裂的轻伤。相较于颜色单调的蝴蝶，有明显斑纹的蝴蝶的翅膀更容易撕裂，这表明舍弃一部分翅膀可能有助于蝴蝶从捕食者的攻击中逃脱。

▶◢ **海伦闪蝶，秘鲁，马努国家公园（蛱蝶科：眼蝶亚科）**
捕食者真的会错把眼斑当成真正的眼睛吗？几乎所有形态完好的眼斑，例如海伦闪蝶前翅（右上图）和后翅（右下图）下表面上的那些，它们的中心都含有一个白色的“亮斑”，这和真实的三维脊椎动物眼中的反光点颇为相似。有实验表明，当把这些亮斑放置在模型上原本眼睛该出现的位置时，鸟类攻击模型的概率就会下降。这说明，眼斑之所以对蝴蝶而言很重要，正是因为它们与眼睛有着相似之处。

两性异形

◤◀ **白缘眼灰蝶，上方为雌蝶，下方为雄蝶，瑞士（灰蝶科：眼灰蝶亚科）**

许多蝴蝶雄性和雌性的颜色不一样。雄蝶，如雄性白缘眼灰蝶，拥有更鲜艳的颜色，以吸引雌性或者警告竞争对手（这种情况更常见）。查尔斯·达尔文认为，性选择机制促使雄蝶进化出更鲜艳、更独特的色彩图案，而雌蝶，通常面临较少的求偶竞争压力，因此在颜色上则更为保守（尽管也存在雄蝶依据色彩来选择雌性的情况）。对于许多蝴蝶来说，达尔文的解释似乎是正确的。

▲ **翠叶红颈凤蝶，上方为雄蝶，下方为雌蝶，马来西亚半岛，金马仑高原（凤蝶科：凤蝶亚科）**

然而，华莱士观察到，雌蝶的色彩并不总是单调乏味。雌蝶，特别是雌性鸟翼凤蝶，往往比雄性体型更大。大陆雌性翠叶红颈凤蝶的翅膀上还长有一块独特的白色斑纹，这是雄性所没有的。华莱士指出，在许多凤蝶种类中，雌性会模仿其他种类的蝴蝶以进行伪装，但雄性——由于需要被雌性和竞争对手清晰识别——则不会这样做。他认为，有时雌蝶在进化过程中外貌上的变化更显著。对于那些采用拟态策略的凤蝶来说，华莱士的观点似乎是正确的。

第八章

蝴蝶的一生

蝴蝶的一生，从一颗卵孵化成幼虫（或叫毛虫），再变成蛹，最终羽化为成虫，这个过程与我们人类的生命历程截然不同。毛虫和蝴蝶之间的差异如此之大，以至于我们常常忽略了它们其实是同一种生物在不同阶段的两种形态。把毛虫仅仅看作蝴蝶的“幼虫阶段”，并将其类比为人类的孩童时期，这种做法其实是有误导性的。更恰当的理解是，毛虫是一个独立的成长阶段，而“成虫”（准确地说，是完成羽化后的成虫）则是一个生命较为短暂的繁殖阶段。在蝴蝶的一生里，卵和蛹这两个阶段同样至关重要，它们对于蝴蝶的发育和身体的巨大变化是必不可少的。

蝴蝶成虫并不会建立伴侣关系或共同照顾幼虫。雄蝶要么在空中巡回飞行，要么从栖息地出发，时刻留意着雌蝶的出现。有些种类的蝴蝶，其雄性和尚未交配的雌性会聚集在山顶进行交配活动。交配结束后，雌、雄双方便分道扬镳，雄性继续寻找新的配偶，而雌性则要么去产卵，要么再次进行交配（依据蝴蝶的种类不同）。

▶ **加勒白眼蝶，瑞士（蛱蝶科：眼蝶亚科）**
交配中的加勒白眼蝶，雌性腹部底色为棕色与米色相间，与雄性清晰的灰白色形成了对比。

求偶与交配

▲ **锦葵花弄蝶，瑞士（弄蝶科：花弄蝶亚科）**
雌、雄花弄蝶在外形上颇为相近。雄性在求偶时，会从它们藏在前翅褶皱中的发香鳞、腿部的簇毛以及体表的鳞片斑上释放出多种信息素来吸引雌性。迄今，科学家们已经在包括锦葵花弄蝶在内的 9 种花弄蝶中鉴定出了 125 种不同的信息素。每种花弄蝶都有自己独特的信息素混合物，这使得它们能够在同一区域内与其他种类的花弄蝶相互区分。雌性花弄蝶可能正是依赖这些化学信号来识别并选择适合的雄性配偶。

◀ **双带蓝闪弄蝶，哥伦比亚，阿马卡亚库国家公园（弄蝶科：花弄蝶亚科）**
为了确保能够成功交配，蝴蝶必须找到与自己同种的伴侣。然而，我们至今仍不清楚有多少蝴蝶能够成功实现这一目标。以图中这些正在交配的弄蝶为例，它们看似是双带蓝闪弄蝶，这种蝴蝶的分布范围广泛，从得克萨斯州一直延伸到阿根廷。但现在的研究表明，它们可能并非单一物种，而是一个由多个几乎难以分辨且共存的物种组成的复合体（具体包含多少个物种仍是个未知数）。这些物种之间唯一的区别在于它们的幼虫以及它们所依赖的寄主植物。那么，正在求偶的蝴蝶是如何区分彼此的呢？

▲ **苔眼灰蝶，瑞士（灰蝶科：眼灰蝶亚科）**
◥ **皮拉灰蝶，瑞士（灰蝶科：眼灰蝶亚科）**
▶ **克里顿眼灰蝶，瑞士（灰蝶科：眼灰蝶亚科）**

几种欧洲眼灰蝶，比如苔眼灰蝶、皮拉灰蝶以及克里顿眼灰蝶，它们可能会在同一地区内共存。当雌性眼灰蝶进行短距离飞行以吸引合适雄性注意时，它们体色上的细微差别或许能帮助雌性识别出对方的物种。而一旦双方靠近，雄性释放的信息素可能帮助雌性进一步确认其身份。雄性眼灰蝶无法像人类那样识别雌性的腹部图案，但如果雌性只针对同种雄性进行飞行示意，那么雄性或许根本无需去识别雌性的具体身份。

◀▲ **大帛斑蝶，菲律宾（蛱蝶科：斑蝶亚科）**

当一只雄性大帛斑蝶在雌蝶的头顶上方盘旋时，它会从腹部伸出两对形似刷子的“毛笔器官”。这些毛笔器官会释放出一种特殊的混合物，里面包含了生物碱、芳香化合物，还有雄蝶在幼虫时期就吸收并转化而来的双稠吡咯啶生物碱合成的烃类，所有这些成分都巧妙地融合在脂质之中。如果雌蝶对此表示接纳，雄蝶就会用它那毛笔似的器官轻轻触碰它，在它的触角上留下更多的信息素。随后，交配行为便会自然而然地展开。

▲ **加勒白眼蝶，瑞士（蛱蝶科：眼蝶亚科）**
与白眼蝶相似，但不同于其大多数眼蝶科的近亲，雄性加勒白眼蝶会选择在空中寻找伴侣，这种策略比在广阔的草地上停留等待更为高效。雌性加勒白眼蝶通常在羽化后不久便急于交配。交配过程可能长达半小时甚至更久；一旦这对蝴蝶在交配时受到惊扰，它们会立即振翅高飞，雌性会引领着雄性一同离去。

▶ **青衫黄袖蝶，哥伦比亚（圈养，蛱蝶科：釉蛱蝶亚科）**
许多袖蝶在雌性还未从蛹中羽化出来之前，就已经完成了交配。不过，雄性青衫黄袖蝶会以常规的方式向雌性求偶。在哥斯达黎加，青衫黄袖蝶与白裳蓝袖蝶之间存在着拟态现象，但白裳蓝袖蝶的雌性会选择在蛹阶段就进行交配，这种差异或许能防止它们与不同类的物种发生交配。那些在蛹中交配的雌性袖蝶，往往只交配一次，而像青衫黄袖蝶这样，等到成熟后才进行交配的雌性，则可能会与多个不同的雄性伴侣交配。

◀ **艾诺红眼蝶，雌性在上，雄性在下，瑞士（蛱蝶科：眼蝶亚科）**
进化过程中的意外可能决定了雄蝶在寻找配偶时是采取空中巡回，还是选择停留在某处进行观察。大多数红眼蝶属的蝴蝶栖息在苔原或高山草甸上，这些地方缺乏高大的灌木丛或其他理想的栖息点，因此，空中巡回或许是它们寻找配偶的最佳方式。艾诺红眼蝶是一种生活在低地的蝴蝶，它更喜欢温暖而开阔的林地，在这样的环境中选择栖息地求偶应当是有利的。然而，艾诺红眼蝶依然选择了空中巡回，这表明其来到开阔林地的祖先可能没有转变求偶行为模式的能力。

◀ **绢粉蝶，瑞士（粉蝶科：粉蝶亚科）**

蝴蝶交配可能需要一些时间，短则大约 15 分钟，长则可达数天（在极少数情况下）。一对正在交配的绢粉蝶可能会紧紧交合在一起数小时。交配所需的确切时间会受到多种因素的影响，比如环境温度——在天气较凉的情况下，交配过程通常会更为漫长。同时，雄蝶自上次交配以来所间隔的时间也是一个影响因素。

◀ **丽蛱蝶，越南（蛱蝶科：线蛱蝶亚科）**

▲ **矍眼蝶，菲律宾，巴拉望岛（蛱蝶科：眼蝶亚科）**

这两组东方蝴蝶的照片分别展示了矍眼蝶（见上图）以及一只雄性丽蛱蝶（图中左侧）与体型明显较大的雌性伴侣（图中右侧）进行交配的场景。在交配过程中，几乎所有的雄蝶都会先将腹部向一侧弯曲，以紧紧抓牢雌性，随后它们会旋转身体，直至双方背对背、面朝相反的方向。交配成功后，雄性会向雌性体内注入一个坚硬的囊状物，即精囊，里面充满了精子和其他物质。雌性可能需要花费数天乃至数月的时间来慢慢消化这个精囊，待其被完全吸收后，精子才会被释放出来，进而受精产卵。

蝴蝶的卵

▲◥ **旖凤蝶，瑞士（凤蝶科：凤蝶亚科）**
▶ **黑带粉蝶，瑞士（粉蝶科：粉蝶亚科）**
蝴蝶卵在结构与形状方面存在相当大的差异。凤蝶所产下的卵表面光滑且呈球形，体积较大。以旖凤蝶（见上图）为例，它的卵最初是白色的（左上图），但几天后会逐渐变为奶油色，接着加深为粉红色，最终呈现出黑色——这其实是透明卵壳内幼虫的体色（右上图）。粉蝶则产下直立且带有波纹的卵，这些卵通常呈现橙色或粉红色。例如黑带粉蝶（中图）的卵就是这样，这种颜色可能是警告其他正在寻找产卵地的雌性，该地点已被占据。

▶ **金凤蝶，瑞士（凤蝶科：凤蝶亚科）**
金凤蝶的雌性在挑选产卵植物时极为挑剔，即便是幼虫能够食用的植物，如果不够优质，也会被它们拒绝——只有最好的植物才会被选中。从进化的角度来看，对于产卵的成虫而言，专注于一小部分最适宜的植物，要比冒险尝试可能不适合的植物更为明智。因为一旦犯错，可能会付出沉重的代价。在西班牙，就出现过旖凤蝶偶尔将卵产在不熟悉的引入植物上的情况，而这些幼虫的生存状况极为糟糕。

▲ 丝网蜘蛱蝶，瑞士（蛱蝶科：蛱蝶亚科）
丝网蜘蛱蝶是一种广泛分布于欧亚大陆的蝴蝶，它在荨麻叶的背面以长链的形式产卵。这种蝴蝶属于双世代型昆虫，即每年会经历两代生命周期，且春季和夏季的成虫在外形上存在显著差异。图中这只便是春季型的丝网蜘蛱蝶。它的卵经过发育，最终会变成颜色更深、对比度更大的夏季型成虫。而夏季型的丝网蜘蛱蝶所产下的幼虫，则会以蛹的形态度过寒冬，在来年的春天羽化成新一代的春季型丝网蜘蛱蝶。

◥ 丝网蜘蛱蝶，瑞士（蛱蝶科：蛱蝶亚科）
丝网蜘蛱蝶的卵链可能是对其寄主植物的一种适应性策略。荨麻属植物会长出长串细小的绿色花朵，而丝网蜘蛱蝶的卵链与这些花朵的外观极为相似。这种相似性是否真的能欺骗那些搜寻蝴蝶卵的捕食者呢？目前尚无研究证实这一点，但这种在欧洲唯一以卵链方式产卵的蝴蝶，却偏偏选择在外观上具有相似结构的植物上产卵，确实很奇怪。

▲ 艳巢巢蛱蝶，墨西哥，帕伦克（蛱蝶科：蛱蝶亚科）
雌蝶选择产卵的位置对其后代的存活至关重要。许多（但并非全部）蝴蝶会直接把卵产在寄主植物上，它们会精心挑选一个安全、温暖又不至于让卵变得干燥，且靠近刚孵化出的幼虫第一顿植物大餐的位置。对于包括图中这只来自中美洲的艳巢巢蛱蝶在内的众多蝴蝶种类而言，叶片的下表面就是一个理想的选择。雌蝶有时会在一个卵块中一次性产下多达 100 枚卵。

幼虫（毛毛虫）

从卵里孵化出来的毛毛虫，是许多蝴蝶生命中最为活跃的一个阶段。毛毛虫基本上就是一台进食机器，它们会在这个阶段储存起成年后所需的大部分甚至全部蛋白质，并且还会吸收一些植物化合物，这些化合物可能保护它们一生免受捕食者的攻击。

毛毛虫在成长过程中，会每隔数天或数周就蜕一次皮（即脱掉旧的外皮）。在这个蜕皮的过程中，它的外观会有所变化，有时甚至会有很大的不同。两次蜕皮之间的阶段被称作龄期，蝴蝶的幼虫通常要历经五个龄期。到了第五个龄期，幼虫吃得特别多，这是为了在最后的准备阶段积累足够的食物，以便它能够顺利完成从幼虫到蛹，再到成虫的转变过程。

毛毛虫与它的成虫——蝴蝶之间的差异，几乎可以说是同基因生物间所能展现出的最大差异了。尽管毛毛虫那坚硬的咀嚼式口器和蝴蝶盘绕式的长喙在构成元素上颇为相似，但在结构和功能上却有天壤之别。毛毛虫并不具备蝴蝶那样的复眼和翅膀。它依靠胸部六只相较于成虫腿部更为短粗的真足，以及腹部第三、四、五、六和十节上生出的柔软且带钩的“假足”（即腹足），来进行移动。其头部还长有丝腺，这些腺体分泌的液体一旦与空气接触，便会凝结成丝。虽然蝴蝶成虫能够振翅高飞，但唯有毛毛虫拥有吐丝结茧的能力。

▲▲ 金凤蝶，瑞士（凤蝶科：凤蝶亚科）
▲ 紫闪蛱蝶，瑞士（蛱蝶科：闪蛱蝶亚科）
大多数蝴蝶的幼虫，包括图中的金凤蝶（见最上图）和紫闪蛱蝶（见上图），都是贪婪的食叶者。它们装备着硕大的咀嚼式口器和占据内脏绝大部分空间的消化道。幼虫的任务是在尽可能短的时间内消化掉尽可能多的叶子。它们的肠道结构相对简单，主要由一条庞大的中肠构成，大部分的消化工作都在这里完成。叶子中的蛋白质被中肠吸收的速度越快，幼虫就能吃得越多。

▲ **青衫黄袖蝶的末龄幼虫，哥伦比亚（圈养，蛱蝶科：釉蛱蝶亚科）**
幼虫阶段的青衫黄袖蝶与其他釉蛱蝶亚科的蝴蝶一样，都以西番莲为食。这些植物有着对付攻击者的防御机制，其中就包括长出假“卵”，这些假卵可能会误导正在寻找产卵地的雌蝶，使它们误以为这个地方已经被占领了。在巴西南部，珠袖蝶会选择在三角叶西番莲成熟的叶片上产卵，而艺神袖蝶则更喜欢卷须和顶芽部位。这两种蝴蝶的幼虫都喜欢嫩叶，如果它们在同一株植物上相遇，艺神袖蝶的幼虫会赶走珠袖蝶的幼虫。

各种各样的幼虫

凤蝶

◤ **金凤蝶第一龄期幼虫，瑞士（凤蝶科：凤蝶亚科）**
▲ **金凤蝶第四龄期幼虫，瑞士（凤蝶科：凤蝶亚科）**
▶ **金凤蝶第五龄期幼虫，瑞士（凤蝶科：凤蝶亚科）**

初龄的凤蝶幼虫颜色暗淡，体表布满结节，与它们经过多次蜕皮后变成的色彩斑斓的模样截然不同。金凤蝶初龄时（上左图）就像鸟粪，腹部有一道白色的鞍状斑纹，更增添了这种错觉。到了第四龄（上右图），这道鞍状斑纹几乎消失了。第五龄，也就是末龄幼虫（右图），身体呈亮黄绿色，带有黑色环纹，点缀着橙色、红色或黄色的斑点。从孵化到完全长成幼虫，这一转变过程大约需要一个月的时间。

粉蝶

▲ 大粉蝶末龄期幼虫，哥伦比亚（粉蝶亚科：黄粉蝶亚科）
◀ 阿尔豆粉蝶，瑞士（粉蝶亚科：黄粉蝶亚科）

粉蝶科的幼虫通常身体细长，体型狭窄，呈各种绿色，体表覆盖着短毛，并且有一系列紧密的环状褶皱。阿尔豆粉蝶的幼虫是该科的典型代表。黄斑大粉蝶是一种热带美洲的蝶类，分布范围从美国西南部至巴拉圭。它的幼虫以美丽决明为食。如果幼虫吃决明叶，那么它们就是绿色的；如果吃决明花，那么它们就是黄色的。

蛱蝶

▶ **君主斑蝶第四龄期幼虫，哥伦比亚（圈养，蛱蝶科：斑蝶亚科）**

君主斑蝶的幼虫是北美最著名的蝴蝶幼虫。图中这只第四龄期幼虫身上带有黄色、黑色和白色的条纹，上方还有两组鞭状细丝，这与它们成年后的蝴蝶图案颇为相似。有些种类的蝴蝶，如女王斑蝶和金斑蝶，还会增加第三组鞭状细丝。这种图案对捕食者来说是一种警告，表明这些幼虫体内含有从它们的主食——马利筋植物中摄取的强心苷，因此应该避开它们。

▶ **红裙晓绡蝶末龄期幼虫，秘鲁，马努国家公园（蛱蝶科：斑蝶亚科）**

绡蝶因有毒而著称，但与多数蛱蝶不同的是，绡蝶的毒素大多是在成虫阶段从它们访问的花朵中获取的。不过，“原始”种类的绡蝶——红裙晓绡蝶却是个特例。它的幼虫体表布满了黑白相间的条纹，头顶还长有成对的鞭状细丝，这让人们联想到其远亲君主斑蝶幼虫那醒目的色彩。与君主斑蝶相似，红裙晓绡蝶的幼虫也会在体内积累大量毒素，不过这些毒素的来源是它们所寄生的夹竹桃科植物中的双稠吡咯啶生物碱。

▶ **裙绡蝶末龄期幼虫，哥伦比亚（圈养，蛱蝶科：斑蝶亚科）**

裙绡蝶是一种“高级”的绡蝶种类，它会在茄属及其亲缘植物上产下10~40枚卵，组成卵块。这种蝴蝶的幼虫没有警戒色，也不含有生物碱，因此面临着捕食性蚂蚁的威胁。不过，它们有一种独特的隐藏技巧：它们的表皮或角质层，含有的脂质与寄主植物所产生的脂质相似。这些脂质起到了一种化学伪装的作用，让蚂蚁很难察觉到它们的存在，甚至会从它们身上爬过而不会发起攻击。

▲ 红端帘蛱蝶第五龄期幼虫，哥伦比亚（圈养，蛱蝶科：釉蛱蝶亚科）

◀ 绿帘蛱蝶倒数第二龄期幼虫，哥伦比亚（圈养，蛱蝶科：釉蛱蝶亚科）

绿帘蛱蝶与红端帘蛱蝶的成熟幼虫身披令人胆寒、色彩斑斓的棘刺，这样的“武装”足以让捕食者三思而后行。有科学家指出，若用手直接摩擦这些棘刺，会引发长达数小时的刺激性瘙痒皮疹，但也有人触碰后安然无恙。至于这些幼虫是否让捕食者望而却步，可能与它们所寄生的爵床科植物有关，其中一些寄主植物含有毒素，而另一些则不含毒素。

▶ 菲蛤蟆蛱蝶末龄期幼虫，哥伦比亚（圈养，蛱蝶科：苾蛱蝶亚科）

处于末龄阶段的蛤蟆蛱蝶幼虫，比如菲蛤蟆蛱蝶幼虫，大部分时间都是蜷缩着保持静止不动。一旦受到惊扰，它们就会利用脑后的“犄角”发起反击。有些种类的幼虫会共享同一片叶子。随着它们逐渐成长，聚在一起的数量会减少，部分原因是它们在受到惊吓时会剧烈扭动身体，可能会把同伴从叶子上撞下去。菲蛤蟆蛱蝶常常成为寄蝇科昆虫的攻击目标，这些寄蝇科的幼虫会从内部蚕食宿主。

▲ 紫闪蛱蝶秋季龄期幼虫，瑞士（蛱蝶科：闪蛱蝶亚科）

◥ 紫闪蛱蝶，瑞士（蛱蝶科：闪蛱蝶亚科）

紫闪蛱蝶的幼虫，在其生命初期的大部分时间里，都会选择面朝叶子基部，并栖息在柳树叶片中脉上的一个丝质垫子上。随着幼虫的成长，它会首先以那片栖息的叶子为食，接着再逐渐啃食周围的叶子。当秋天临近时，它的体色会从绿色转变为棕色（左图），并迁移到柳树的茎上，在那里它可能会被误认为是冬天柳树上的芽苞。就这样，它会在那里冬眠，直到春天柳树芽苞发芽时，幼虫又会重新变回绿色（右图），并再次开始进食。

幼虫和蚂蚁

▲ **旖灰蝶，泰国，苏梅岛**（**灰蝶科：线灰蝶亚科**）

超过半数的灰蝶科蝴蝶幼虫，以及大约三分之一的蚬蝶科幼虫，都与蚂蚁形成了共生关系。对许多幼虫而言，若是没有蚂蚁的相伴，它们将无法存活。在亚洲热带地区，雌性旖灰蝶在挑选产卵地点时，会寻觅那些攻击性极强的黄猄蚁群落。这些蚂蚁会无微不至地照料这些幼虫，而作为回报，幼虫会分泌出一种富含营养的液体供蚂蚁享用。至于尖角灰蝶的幼虫，它们的一生几乎都在黄猄蚁用树叶编织的巢穴中，并且从不在巢穴外觅食。

幼虫的防御

毛毛虫拥有多种自我保护的手段，有的毛毛虫会巧妙地伪装成小树枝、鸟粪或其他难以下咽的物体。它们还会利用自己的粪便作掩护或当作避难之处，也可能会将粪便尽量排放到远离寄主植物的地方，以防给蚂蚁和其他捕食者留下线索。许多毛毛虫选择在夜间外出觅食，白天则躲藏在住所里。例如，小灰蝶的幼虫会用丝线把咬下的叶子折叠起来，搭建一个居住的小窝。如果其他所有方法都不奏效，受困的毛毛虫可以沿着丝线逃离，或者直接从寄主植物上掉进落叶堆中。

体型较大的毛毛虫，以及那些从寄主植物中摄取有毒物质并积聚在体内的毛毛虫，尤其在它们体内形成化学防御机制的后龄期阶段，可能会选择让自己变得醒目且具威胁性。它们身上的警戒色或警戒色图案，就像是在警告捕食者：“离我远点，我可不好惹。”对于那些之前一直与周围环境融为一体的毛毛虫来说，突然展现出的威胁姿态，会让人感到格外惊讶。其实，蝴蝶幼虫的这种威胁行为大多是虚张声势罢了。不过，也有少数蛱蝶幼虫的刺能释放出驱赶蚂蚁的化学物质。据说有的幼虫还能让人的皮肤起疹子，但即便如此，也没有一种蝴蝶幼虫拥有像某些蛾类幼虫那般可怕的毒刺。

◀ **橙尖粉蝶，瑞士（粉蝶科：粉蝶亚科）**

▶ **阿尔豆粉蝶第一龄期幼虫，瑞士（粉蝶亚科：黄粉蝶亚科）**

体型较小的毛毛虫或体型较大毛毛虫的早期形态，往往依靠伪装来保护自己。例如，橙尖粉蝶（上图）等粉蝶科的毛毛虫能与背景融为一体，让人难以察觉；年幼的阿尔豆粉蝶（右图）在多叶马蹄豆的花丛中几乎难以被察觉。此外，部分粉蝶科的毛毛虫还长有能分泌液体的毛发，这些毛发能有效驱赶蚂蚁。目前已知，许多热带地区的粉蝶科毛毛虫对鸟类来说不可食用，令它们难以下咽。

◀ **敏芷凤蝶，哥伦比亚（圈养，凤蝶科：凤蝶亚科）**

凤蝶科的毛毛虫拥有一种别具一格的防御手段：一个亮橙色的分叉状腺体，被称为臭角，通常隐藏在它们的头部后方。当毛毛虫受到惊吓，比如图中这只敏芷凤蝶幼虫，会突然将臭角亮出来。此时，这个腺体会释放出一股带有气味的化学混合物。处于幼虫早期阶段的美洲虎纹凤蝶，其臭角能分泌出大约 50 种萜烯化合物，这些化合物能有效地驱赶蚂蚁。和其他凤蝶科的毛毛虫一样，随着逐渐成熟，它们会转而采用酸性物质进行防御，这种机制可能会吓退诸如蜥蜴之类的大型捕食者，但显然对鸟类并不起作用。

◀ **凤蝶第五龄期幼虫，马来西亚半岛，金马仑高原（凤蝶科：凤蝶亚科）**

许多凤蝶科的毛毛虫，就像图中这只来自马来西亚的毛毛虫一样，仿佛会用一对酷似蛇眼的眼斑注视着观察者。它们可以通过让头部后面的体节膨胀起来，使假眼更加突出，以此增强效果。即使是没有眼斑的毛毛虫，也能采用这种膨胀身体的方式来进行自我保护。实验结果显示，无论是眼斑还是膨胀的前端，都能吓退饥饿的鸟儿。但奇怪的是，两者并用似乎并没有比单独使用其中一种提供更多的保护。

▲ **黑太阳闪蝶，秘鲁，马努国家公园（蛱蝶科：眼蝶亚科）**

包括黑太阳闪蝶幼虫在内的闪蝶幼虫，会散发出类似腐烂西红柿的气味，并且它们的体毛会分泌出一种液体。这两种分泌物似乎都不带有刺激性。一旦受到触碰，这些幼虫就会挺起身子，左右晃动头部，好像在试图用它们身上的刚毛去刺穿攻击者，但实际上这些刚毛并无伤害性。这很可能是幼虫在虚张声势，模仿某些蛾类幼虫的行为，那些蛾类幼虫的刚毛能给触碰者带来剧烈的疼痛，甚至可能致命。

变形记

蝴蝶和飞蛾，跟苍蝇、甲虫、蜜蜂以及黄蜂一样，都属于完全变态昆虫。这意味着它们的生命会经历四个完全不同的阶段：卵、幼虫、蛹和成虫（或称为羽化成虫）。在这个生长和蜕变的过程中，有两类激素起着调控作用。蜕皮激素能促使幼虫蜕去外皮，而保幼激素则负责让它们不断发育，体型变得更大。但是，在幼虫转变为蛹，并最终羽化成成虫的重要时刻，这两种激素必须停止作用。

蛹（也常被称作茧）这一阶段是不可或缺的。毛毛虫与成虫之间的形态差异巨大，以至于要实现从一种形态到另一种形态的转变，其整个身体系统必须暂停运作。原本爬行、咀嚼进食且不具备生殖能力的幼虫，需要转变为以吸食花蜜为生、拥有翅膀、主要任务是交配、繁殖的成虫。在这个看似静止的蛹内部，幼虫身体的绝大部分结构会彻底消失。那些原本尚未分化的细胞会发育成为成虫的新结构；新的肌肉会生长出来，神经系统也会重新构建以支配这些新肌肉。这一过程可能持续数天或数周，对于那些在蛹阶段进行冬眠的物种来说，甚至可能需要数月的时间，之后才会迎来羽化的时刻——也就是成虫从蛹中破壳而出的最终阶段。

羽化是由一种激素控制的，并由温度、光照等环境因素触发。选择恰当的羽化时间至关重要。在成虫的翅膀完全展开并变得坚硬之前，它们毫无抵抗能力。大多数蝴蝶选择在黎明时分破蛹而出，以此来减少被天敌注意到的风险。如果配偶之间的竞争十分激烈，特别是对于那些雌性只交配一次的蝴蝶种类来说，雄蝶可能会提前羽化，以便领先于它们的竞争对手。雄性提前羽化的现象被称为雄性先熟型。

▲◥▶◢ **金凤蝶，瑞士（凤蝶科：凤蝶亚科）**
即将化蛹的金凤蝶幼虫会吐出一团丝。接着，它会用一种叫作臂棘的钩状尾端附件抓住这团丝，并在腰部周围缠绕上一圈丝质束带，以此支撑起自己的身体。完成这些步骤后，它会脱下并抛弃掉最后一层幼虫皮，露出里面的蛹。在金凤蝶分布的那些较冷地区，它们会以蛹的形态度过寒冬，然后在来年的春天羽化成蝶；而在较为温暖的地区，春季孵化出的幼虫会在同一年内完成化蛹和羽化的过程，但它们的后代则会进入冬眠。到了秋季，蛹通常会变成棕色，以便更好地与枯黄的树叶融为一体。在许多蝴蝶种类中，蛹的颜色可以是绿色或棕色，这主要取决于幼虫蜕皮前所处的环境颜色、温度以及日照时长（冬季即将到来的信号）。在凤蝶中，释放一种名为“棕色化”的激素会使蛹呈现出棕色而非绿色；而在其他蝴蝶科中，则是通过不同的激素来实现这一变化的。

◤▲▶ **金凤蝶，瑞士（凤蝶科：凤蝶亚科）**

金凤蝶为了破蛹而出，会通过其身上的气孔（也就是呼吸孔）吸进空气，使得体内的液体流到头部和胸部。这时，蛹的外壳会裂开，蝴蝶会奋力挣脱，先是伸出腿，紧接着抽出肿胀的腹部。然后，它会挂在蛹壳上静待几分钟，把体液输送到仍然柔软的翅膀脉络中，直到翅膀完全展开并变硬、变干。而在正式起飞前的最后一步，它会排出在结蛹期间积累下来的废物，也就是蛹粪。

第九章

蝴蝶的食物

蝴蝶成虫从蛹中羽化而出时，它的进食器官与幼虫时期的咀嚼式口器大不相同。幼虫时的咀嚼颚已经退化，不再适用。取而代之的是一对位于头部两侧的上颚结构——外颚叶相互锁合，形成了一个细长且紧密盘绕的管状结构，即“喙管”，也称之为“舌头”。这个喙管像海绵和吸管的结合体，可以通过毛细作用来吸取液体，还可以通过蝴蝶头部的泵机制来产生压力差，把液体进一步吸入体内。

大多数蝴蝶喙的长度不超过其体长的 80%，有时甚至更短。不过，美洲热带地区的海蚬蝶属蝴蝶却是个例外，它们的喙竟然能达到自身长度的两倍。而已经测量到的最长喙是来自巴拿马的珍蝶科蝴蝶无瑕黛蝶，其喙长达 52.7 毫米。

以花蜜为食的蝴蝶，主要依靠视觉来寻找食物。以水果为食的蝴蝶，则被气味所吸引，而非视觉，比如闪蝶。它们利用触角、口器和腿上的感官来捕捉这些气味。大多数以水果为食的蝴蝶都有一个经过特殊改造的喙，能够从水果湿润的表面上吸取液体。不过，螯蛱蝶属及其近亲却是个例外，它们的喙厚实且有力，能够刺穿腐烂水果和动物尸体坚硬的外皮。

蝴蝶可真是名副其实的贪吃鬼。一只小红蛱蝶在短短不到一小时的时间里，可能会访问多达 150 朵花。一只停落在腐烂香蕉上的黑框蓝闪蝶，在两分钟内就能消耗掉超过自身体重 23% 的果汁，十分钟内消耗的果汁量几乎能达到自身体重的 44%。

▶ 海氏栎蛱蝶，刚果共和国（蛱蝶科：线蛱蝶亚科）

海氏栎蛱蝶隶属于栎蛱蝶属。该属拥有近 200 种非洲蝴蝶，它们与线蛱蝶亚科的亲缘关系很近。栎蛱蝶会积极地寻找落在地上的水果，尤其对无花果情有独钟。这些水果为它们提供了花蜜中所缺乏的富含氮的营养成分。这样的额外营养或许能够延长栎蛱蝶成虫的寿命，有的成虫甚至可以活到长达 10 个月。以香蕉泥为食的乌干达栎蛱蝶的产卵数量，几乎是那些仅喂食糖水的栎蛱蝶产卵量的两倍。

花朵、水果、树液和粪便

热带森林中的蝴蝶主要可以分为两大生态群体：一类主要包括凤蝶、粉蝶和灰蝶，它们经常访问花朵，以花蜜为食。另一类，特别是蛱蝶，更喜欢食用落果或树液。许多亚洲的蛱蝶不取食花朵，并且很少在森林腹地以外的区域出现。在热带森林深处，由于某些季节花朵稀少，腐烂的水果便成了它们重要的食物来源。这些水果提供了糖分、氨基酸、脂质等营养物质，对蝴蝶的长寿和高繁殖力至关重要。比如，偏瞳蔽眼蝶只有在成虫阶段摄取水果后，才能成功产卵。

对于雨林中的蝴蝶而言，动物粪便和腐肉可能比水果更具吸引力。肯尼亚的卡卡梅加森林（这里是大约 400 种蝴蝶的栖息地）的研究人员发现，作为诱饵摆放的腐烂水果并没有吸引到任何蝴蝶，相反腐烂的鱼虾诱饵在短短几小时内就引来了 15 种不同的蝴蝶。螯蛱蝶属的蝴蝶在这些恶臭的诱饵上吸食，直到几乎飞不动为止。对于粪便和腐肉的争夺可能异常激烈，螯蛱蝶的前翅前缘呈锯齿状，雄性会用它们将竞争对手从最佳觅食点赶走。

▲▲ 雄性宽边贝粉蝶，肯尼亚，卡卡梅加森林（粉蝶科：粉蝶亚科）

▲ 纤粉蝶，肯尼亚，卡卡梅加森林（粉蝶科：袖粉蝶亚科）

在卡卡梅加森林，以花蜜为食的蝴蝶种类包括非洲宽边贝粉蝶（见最上图）和一种非洲纤粉蝶（见上图）。它们都属于粉蝶科，该科的成员几乎都以花蜜为食。粉蝶科的蝴蝶在植物授粉过程中扮演着重要角色，比如，在东非，攀缘百合的授粉完全依赖于粉蝶科的蝴蝶。

▲ **优红蛱蝶，瑞士（蛱蝶科：蛱蝶亚科）**

优红蛱蝶夏季以花朵为食，当它们活到深秋时大多数花朵已经凋落，但是发酵的苹果散落满地。到了早春，它们会大量吸取树液，这可能是当时唯一能找到的食物。它们的亚洲亲戚——大红蛱蝶，则是依靠视觉和嗅觉来觅食，会被树液和腐烂水果释放出的乙醇与醋酸混合气味所吸引。

▲ **波蛱蝶，巴西，伊加库国家公园（蛱蝶科：苾蛱蝶亚科）**

从受伤树干或折断枝条中渗出的树液及其他分泌物，为热带和温带地区的蛱蝶，比如波蛱蝶，提供了重要的食物来源。哥伦比亚的一项研究显示，有 61 种归属于 35 个属、6 个亚科的蛱蝶科蝴蝶，它们的食物来源仅限于 7 种特定树木的树皮分泌物。这些树皮分泌物，特别是那些受到酵母和其他真菌感染的分泌物，可以提供糖分、酒精以及多种其他化合物。蝴蝶在吸取这些分泌物时，甚至有可能会“喝醉”。

▲▲ 指名暗蚬蝶，马来西亚，沙巴州，丹浓谷保护区（蚬蝶科：古蚬蝶亚科）

▲ 红涡蛱蝶，秘鲁，马努国家公园（蛱蝶科：苾蛱蝶亚科）

植物有时会在茎、叶以及叶柄上的特定腺体中分泌出蜜露，这些腺体被称为花外蜜腺。许多昆虫，尤其是蚂蚁，喜欢以这些蜜露为食。与蚂蚁共生的热带蝴蝶，比如灰蝶和蚬蝶，也会经常访问这些花外蜜腺，而其他种类的蝴蝶则只是偶尔光顾一下。这只指名暗蚬蝶（见最上图）虽然属于蚬蝶科，但它并不与蚂蚁形成共生的关系，也许它此时正在叶片表面吸取水分。同样，这只红涡蛱蝶（见上图）也属于蛱蝶科，它可能也有着类似的行为。

▲ **炬蛱蝶，厄瓜多尔，米萨瓦利（蛱蝶科：苾蛱蝶亚科）**
蝴蝶有时需要水分。雄蝶需要水溶盐以获取构建精囊所需的矿物质，这是它们在交配时向雌性传递“礼物”的一部分。它们通常会从水坑、腐朽的木头或湿润的叶片中吸取水分，有时甚至会降落在动物身上（包括人类）以舔舐汗液。同样，被汗水浸湿的衣物或设备也会吸引它们。如图，一只炬蛱蝶被一块浸透水的苔藓团所吸引。

吸水行为

◀ **曲纹拓灰蝶、细灰蝶（灰蝶科）；黑脉园粉蝶西南亚种、纤粉蝶、镉黄迁粉蝶、宽边黄粉蝶（粉蝶科）；某种青凤蝶（凤蝶科），泰国凯恩·斯里纳卡林国家公园**

为了在其精囊中积累用于婚配“礼物”所需的矿物质盐，众多雄蝶，甚至包括一些采蜜者，都会被吸引到地面上，这一举动被称为“吸水行为”。灰蝶、粉蝶和凤蝶主要从花朵中汲取糖分，雄蝶还常常聚在湿润的泥土旁吸水。图为泰国某地一群聚集在一起的蝴蝶，从左到右排列分别是曲纹拓灰蝶、细灰蝶、数只黑脉园粉蝶西南亚种、纤粉蝶、某种青凤蝶、镉黄迁粉蝶和宽边黄粉蝶。

有些雄蝶会进行吸水行为，但它们吸收的钠元素主要用于自身需求，而非准备婚配“礼物”。在乌干达的基巴莱森林里，雄性螯蛱蝶是积极的吸水者，但研究样本中的大多数雄性螯蛱蝶的精囊中仅含有少量的钠元素，它们可能是将那些额外的钠元素用于增强自己异常强健的飞行肌。

◀ **沃豹凤蝶，秘鲁，马努国家公园（凤蝶科：凤蝶亚科）**

◣ **青凤蝶，印度尼西亚，苏门答腊，古农勒塞尔国家公园（凤蝶科：凤蝶亚科）**

▼ **非洲达摩凤蝶，坦桑尼亚，桑给巴尔岛，乔扎尼楚瓦卡湾国家公园（凤蝶科：凤蝶亚科）**

凤蝶常常成群结队地聚集在一起吸水，这是一种常态。图中正在吸水的是来自美洲热带的沃豹凤蝶（见左图），来自亚洲热带的青凤蝶（见左下图），以及来自非洲的非洲达摩凤蝶（见右下图）。

▶ **燕凤蝶，泰国，凯恩·斯里纳卡林国家公园（凤蝶科：凤蝶亚科）**

▼ **奥比阔凤蝶，哥伦比亚，安奇卡亚（凤蝶科：凤蝶亚科）**

在沙漠环境中，蝴蝶吸水可能是为了补水，但在雨林中，它们吸水则更可能是为了补充体内的钠元素。上图中的燕凤蝶和下图中的奥比阔凤蝶在吸水的同时，也在排出体内多余的水分。当给咕噜舟蛾提供较稀的钠溶液时，它们在吸水的过程中会排出更多的水分。这表明它们是在寻找钠元素，而不仅仅是为了补水。它们会持续吸水，直到体内积累了足够的钠元素才会停止。图中的蝴蝶可能也在做同样的事情。

▶ **女妖红臀弄蝶，巴西，伊加库国家公园（弄蝶科，花弄蝶亚科）**

女妖红臀弄蝶，在西班牙语中被称为“小恶魔”，是一种色彩鲜艳、源自热带美洲的弄蝶。雄性女妖红臀弄蝶和其他雄性弄蝶一样，经常有吸水行为。弄蝶需要钠。虽然雄性无斑豹弄蝶在羽化成蝶时，体内的钠含量是雌性的两到三倍之多，但在首次交配时，雄性会将自己体内 32% 的钠转移给雌性伴侣。补充钠元素不仅对雄性成功繁殖至关重要，也是雌性能够成功产卵的关键因素。

▲ 89 蛱蝶，哥伦比亚，里萨拉尔达（蛱蝶科：苾蛱蝶亚科）
◀ 臀红图蛱蝶，巴西，伊加库国家公园（蛱蝶科：苾蛱蝶亚科）
◣ 宝罗蛱蝶，玻利维亚，鲁雷纳瓦克（蛱蝶科：苾蛱蝶亚科）
▶ 88 蛱蝶混合群，秘鲁（蛱蝶科：苾蛱蝶亚科）

在新大陆热带地区，那些迷人的色彩斑斓的 88 蛱蝶，是上瘾的吸水者。它们常在清晨时分，自森林树冠的高处翩翩而下，降落在土壤、石块、路面、墙壁，乃至人类的皮肤上，吸取水分。图中展示的是 88 蛱蝶家族中的几位成员：一只 89 涡蛱蝶，一只臀红图蛱蝶，一只宝罗蛱蝶，以及在画面右侧的一群洪氏绡蛱蝶，其中也混入了一只 89 涡蛱蝶的身影（背景中隐约还能见到几只弄蝶）。

成群的蝴蝶

▶ **正在吸水的蝴蝶，秘鲁，马努国家公园**

一群群吸水的蝴蝶共同编织出一幅壮丽的自然画卷。在美洲的热带地区、非洲以及东南亚的森林中，各种蝴蝶成群结队，犹如片片云朵，它们会降落在湿润的泥泞小径或是森林小溪旁潮湿的沙地上。那些正在吸水的凤蝶与粉蝶可能会紧紧挨在一起，而其他种类的蝴蝶则较为松散地环绕在周围。置身于一个庞大且紧密的群体中，或许更安全。但与此同时，地面上密集的蝴蝶群也变得更加脆弱，鸟类可能会被吸水的蝴蝶群吸引，从而轻易地捕食。对于身处在这令人眼花缭乱的蝴蝶群中的单个蝴蝶而言，其存活概率似乎更高。不过，也有一些蝴蝶群，如秘鲁马努国家公园里的蛱蝶，更倾向于分散开来，每只蝴蝶都保持一定的间距，以免与邻近的同伴靠得太近。在马努，那些吸水的蝴蝶通常是栖息在林缘地带、阳光斑驳的空地以及树冠层，而非栖息在森林深处的蝴蝶种类。

▲ **混合粉蝶群，委内瑞拉**

▼ **粉蝶，秘鲁，廷戈玛丽亚**

在湿润泥土上吸水的蝴蝶中，粉蝶科的蝴蝶往往占多数。相比之下，蛱蝶科的蝴蝶则更易被腐肉和粪便所吸引。虽然土壤和粪便中都含有钠元素，但浓度却有所不同。科罗拉多州的一项实验发现，粉蝶科中的暗脉菜粉蝶更喜欢土壤中的钠浓度，而非粪便中的。钠浓度的这种差异可能是不同科的蝴蝶选择在不同表面上吸水的原因。这或许也是粉蝶科的蝴蝶常常成群结队地在湿润的土壤上吸水，而不是在粪便上的缘由。

▲▲ **红翅尖粉蝶，印度尼西亚，苏门答腊岛，古农勒塞尔国家公园（粉蝶科：粉蝶亚科）**

▲ **树尖粉蝶和其他蝴蝶，加蓬（粉蝶科：粉蝶亚科）**

在非洲和热带亚洲地区，粉蝶混合群体往往会围绕着“信天翁”聚集——不过，这里的“信天翁”并非指那种大型海鸟，而是特指尖粉蝶属中的粉蝶。尖粉蝶主要分布在亚洲及大洋洲，其中色彩最为鲜艳的当属红翅尖粉蝶，在亚洲热带尤为多见。美洲地区有两种尖粉蝶，而非洲则多达六种。图中是来自加蓬的一群粉蝶，最前面的是一只树尖粉蝶，紧随其后的是其他种类的粉蝶。

▲ **绿带燕凤蝶，越南，菊芳国家公园（凤蝶科：凤蝶亚科）**
◥ ▶ **黑红黑珍蝶，秘鲁，马努国家公园（蛱蝶科：袖蛱蝶亚科）**
在热带地区，多种蝴蝶混合群飞的现象相当常见，但偶尔也能见到大量单一物种蝴蝶集结在一起的壮观景象。比如，在东南亚的河岸边，雄性绿带燕凤蝶常常会沿岸结队；而在南美洲的秘鲁，黑红黑珍蝶群体在灰暗河床岩石的映衬下，显得格外引人注目。黑红黑珍蝶有毒且具有醒目的警戒色，它们成群聚集可能进一步强化了这种警告效果。

第十章

蝴蝶的生存环境

除了海洋和南极洲，蝴蝶几乎遍布地球的每个角落，它们已经适应了地球上几乎所有的陆地生态环境，无论是热带雨林、沙漠还是北极苔原。通过巧妙的隐蔽和伪装，它们成功躲避了众多天敌的捕食；面对恶劣环境的挑战，它们也展现出了非凡的适应能力，从体内自带的抗冻机制到地球上最壮观的迁徙行为都是它们机智的应对策略。

▲ 阿波罗绢蝶，瑞士（凤蝶科：绢蝶亚科）

▶ 黑猫头鹰环蝶，哥斯达黎加，拉塞尔瓦（蛱蝶科：眼蝶亚科）

在瑞士阿尔卑斯山鲜花盛开的温带草地上，一只阿波罗绢蝶正在花丛中寻觅着花蜜（见上图）。与此同时，在哥斯达黎加的一片热带雨林里，一只黑猫头鹰环蝶紧紧攀附在一棵大树上（见右图）。这两个场景生动地展现了蝴蝶所适应的广泛栖息地和多样的生活方式。

捕食者与寄生虫

蝴蝶及其卵、幼虫、蛹，均可能成为蚂蚁、螳螂、蜻蜓、蜘蛛、青蛙、蟾蜍、蜥蜴、鸟类、老鼠、蝙蝠、猴子等捕食者的猎物。显然，任何能够捕捉到它们的生物都可能成为狩猎者。为了应对这些威胁，蝴蝶演化出了各种防御机制。捕食者和寄生虫施加的压力促进了蝴蝶的进化，这在动物界中催生了一些最为精巧和精确的伪装与拟态案例。

▲ **白领美洲咬鹃**

尽管咬鹃主要以水果为食，但它们也特别喜欢捕食表皮光滑的毛毛虫，甚至那些含有较强毒性的毛毛虫也不例外，它们还经常将这些毛毛虫喂食给幼鸟。咬鹃飞行敏捷，能够在空中迅速捕捉毛毛虫和飞虫，不过它们似乎很少捕食成年蝴蝶。图中这只雌性白领美洲咬鹃是一种常见的热带美洲鸟类，相较于水果，它更喜欢吃昆虫，此时它似乎成功捕获了一只飞蛾。

鸟类

自鸟类与蝴蝶这两大生物群体出现以来，蝴蝶可能就一直作为鸟类的食物来源。为了躲避捕食者的追捕，蝴蝶演化出了多种生存手段，这些手段包括产生有毒或难以下咽的体液、展示具有警戒性的色彩与图案、运用日益精湛的伪装技巧、采取规避性的飞行动作以及模仿其他生物等。与此同时，鸟类也进化出了搜寻并捕获猎物的技能，能够辨别哪些蝴蝶是值得捕食的目标，哪些则应避开。捕食者（鸟类）的技能越精湛，被捕食者（蝴蝶）的压力就越大，蝴蝶的防御机制也就愈发精细。

随着捕食者经验的积累，它们挑选猎物的能力变得越发精准。有些鸟类，比如樫鸟，通常会避开带有警戒色彩的蝴蝶。但在热带美洲，棕尾鹟䴕却频繁地攻击那些色彩斑斓的蝴蝶，并利用其细长的喙在空中迅速捕获猎物。年轻的棕色鹟䴕会学习辨识蝴蝶图案的细微差别，而成熟的棕色鹟䴕则会攻击那些它们并不熟悉的蝴蝶种类，以此来判断其是否可食。在这种捕食者的压力下，模仿得不够完美的蝴蝶更有可能被淘汰，而那些幸存者则面临着更大的压力，必须尽可能地精确模仿它们的拟态原型。

▲ **双列闪蝶，秘鲁廷戈玛丽亚（蛱蝶科：眼蝶亚科）**
飞行中的蝴蝶可以利用自己身上的色彩和图案向捕食的鸟类发出自己不宜食用的信号，或者通过灵活的飞行动作来躲避追捕。像闪蝶这样既美味又不依赖拟态保护的蝴蝶，相比那些有毒的蝴蝶及其模仿者来说，它们拥有更为强健的飞行肌和更快的加速能力。尽管它们的飞行速度通常较慢且飞行轨迹不定，但仍能设法摆脱追捕的鸟类。如果没能成功逃脱，它们那绚丽得如同彩虹般的光泽或许能分散攻击者的注意。就像图中这只双列闪蝶一样，它有时可能只需牺牲一部分翅膀，就能顺利脱身。

蜘蛛和螳螂

▲ **弓足梢蛛和丝网蜘蛱蝶，瑞士（蛱蝶科：蛱蝶亚科）**
蜘蛛这一群体，会捕食大量的蝴蝶。弓足梢蛛擅长隐藏在花朵内部或其附近，静候猎物上钩。它们那鲜艳的色彩能与花瓣融为一体。弓足梢蛛主要以蜜蜂和采食花蜜的苍蝇为食，但面对送上门的蝴蝶，它们也绝不会放过。图中这只弓足梢蛛成功捕获了一只丝网蜘蛱蝶。

▲ **捕获毛毛虫的蜘蛛，马达加斯加岛**
许多蜘蛛都是采取伏击战术的捕食高手。图中这只来自马达加斯加的蜘蛛可能正是利用了自身的伪装，出其不意地捕获了猎物——一只毛毛虫。某些蝴蝶的防御手段，比如线灰蝶后翅上那个假"头"，很可能是为了应对蜘蛛的伏击而演化出来的。当通常攻击猎物头部的跳蛛，威胁到俏灰蝶时，这些蝴蝶会迅速将它们的假头转向跳蛛，并摆动假触角，以骗过跳蛛，使其对假头发起无效的攻击。

▲ **刺花螳螂幼虫（花螳科）和粉蝶，加蓬**
刺花螳螂的幼虫，极其擅长伪装成花朵，它们能够调整体色，与所栖身的花朵完美融合。它们会潜伏在花丛中，有时一待就是好几天，耐心等待着蝴蝶这类主要猎物前来探访花朵。刺花螳螂幼虫十分擅长在空中捕捉靠近的蝴蝶。图中这只刺花螳螂幼虫正在吞食一只捕获的粉蝶。

▲ **丽眼斑螳（花螳科）和苎麻珍蝶，越南，菊芳国家公园（蛱蝶科：釉蛱蝶亚科）**
亚洲的丽眼斑螳是捕捉蝴蝶的高手。图中这只成年丽眼斑螳就捕获了一只苎麻珍蝶。

寄生蜂与寄生蝇

一些极具破坏力的蝴蝶天敌会从内部向它们的猎物发起攻击。寄生蜂和寄生蝇会选择在蝴蝶的卵、毛毛虫或蛹上（甚至其内部）产卵，它们的幼虫会从内部逐渐吞噬掉宿主。有些被称为寄生昆虫，因为与真正的寄生虫有所不同，它们的成虫是能够自由飞翔的昆虫，而且往往专门寄生在一种或极少数几种蝴蝶身上。比如，姬蜂属中的姬蜂，就只会在凤蝶的卵上产卵。一种蝴蝶可能会成为多种寄生昆虫的寄主。西班牙的一项针对旖凤蝶的研究显示，其卵和幼虫就遭受了六种寄生蜂和两种寄生蝇的侵害。

▶ 长针姬蜂（姬蜂科）和金凤蝶，瑞士（凤蝶科：凤蝶亚科）

长针姬蜂是一种专门寄生在金凤蝶和其亲缘种黑带金凤蝶毛毛虫上的姬蜂，也是凤蝶毛毛虫最可怕的天敌之一。雌性长针姬蜂会找到一只凤蝶毛毛虫，并将一枚卵注入其体内。毛毛虫会继续成长直至化蛹，但破蛹而出的并非蝴蝶，而是姬蜂，它会从蛹壳的一侧挖一个洞钻出来。

隐匿、伪装和拟态

避免成为捕食者猎物的最佳策略就是首先确保自己不被发现。对于依赖视觉捕食的捕食者来说，蝴蝶主要通过两种方式来实现这一目标：一是隐匿（让自己与周围环境融为一体），二是伪装（努力看起来像其他物体，最好是那些捕食者不食用的）。隐匿的关键在于避免被看见，而伪装则在于让捕食者误以为自己是其他东西，比如一根树枝、一片叶子或是一坨鸟粪。对蛾类（运用这两种策略的高手）的研究揭示，这两种策略都能欺骗捕食者，但它们并不一样。选择不同的策略进化会带来不同的结果：一只看起来像鸟粪的毛毛虫无需与周围环境完全融合，与擅长隐匿的毛毛虫相比，它可能能够在更多种类的寄主植物上存活。

▲▲ 菲蛤蟆蛱蝶，哥伦比亚（圈养，蛱蝶科：苾蛱蝶亚科）
▲ 菲蛤蟆蛱蝶，委内瑞拉，莫罗科伊国家公园（蛱蝶科：苾蛱蝶亚科）
菲蛤蟆蛱蝶依靠隐匿来保护自己。它们会头朝下栖息在树干上，只要选对了树，就能与树皮巧妙地融为一体（如上图所示）。这种蝴蝶的体色还会随着年龄增长而变化（如最上图所示），并且它们会选择与自己体色相匹配的环境作为栖息地。不过，雄性菲蛤蟆蛱蝶有时会栖息在白色树皮斑块上，这或许是为了吸引路过的雌性，使它们更容易发现自己。在这种情况下，它们可能是为了求偶而暂时放弃了伪装。

◀ **大粉蝶，伯利兹（粉蝶亚科：黄粉蝶亚科）**

大粉蝶在停歇时双翅合拢，能凭借翅膀的形状、色彩和花纹，巧妙地伪装成绿叶，让人难辨真伪。不过，一旦它翩翩起舞或在花朵上小憩且翅膀半开，就会变得格外显眼。无论是雄蝶还是雌蝶，它们的前翅都是白色的，并且每只上都带有一块黄色的斑块，这块斑块在紫外线下会发出强烈的反光。这种反光可能是雌雄蝶之间进行沟通的信号，在翅膀的下表面，这种反光则不复存在。

◀ **双带扶蛱蝶，秘鲁，马努国家公园（蛱蝶科：螯蛱蝶亚科）**

双带扶蛱蝶用尾部模仿树叶突出的中脉，巧妙地伪装成枯叶或是断裂叶片的基部。在炎热的白天，它静静地栖息在叶片或枝条上，极易被忽视。与许多其他拟叶昆虫一样，雄性双带扶蛱蝶的上翅在静止时难以察觉，但一旦飞起便截然不同，异常显眼。其前翅为黑色，上面横跨着斑斓的亮粉色条纹，并覆盖着一层紫色的光泽。

◀ **齿轮眼蝶属，科罗伊科，玻利维亚（蛱蝶科：眼蝶亚科）**

齿轮眼蝶属是南美洲北部山区森林里一个小家族，共有五种成员，其中两种还未被正式命名。它们休息时，会把前翅折叠起来藏好，而那布满斑点的锯齿状后翅，看上去就像是一簇簇地衣、一块块土块或是高度腐烂的叶子。这些蝴蝶贴近地面缓缓飞行，非常容易被忽视。与其他伪装者不同的是，齿轮眼蝶并不需要掩饰其翅膀上表面的鲜艳色彩，因为除了后翅底面点缀着少许斑点，它们身体的绝大部分都呈暗棕色。

亚洲的拟叶蝴蝶

亚洲热带地区是那些拟叶技巧最高超的蝴蝶们的家园。华莱士称枯叶蛱蝶属的拟态“是我所见过的蝴蝶中最奇妙、最无可争议的保护性拟态案例”。他指出，尽管枯叶蛱蝶翅膀的上表面“醒目且华丽”，并“在深蓝色基底上饰有橙色宽带”，但其下表面却几乎与长有菌斑的枯叶一模一样。它们如同真正的枯叶一般形态各异，“在五十个标本中，找不出两个完全相同的标本”。甚至它们栖息在树枝上的姿态——翅膀尾部触碰着枝干也增加了与悬挂在树枝上叶子的相似度。正如华莱士所言：“如此一来，大小、颜色、形状、斑纹和习性，所有这些因素共同作用，构成了一种近乎完美的伪装。”

▲▲ 暮眼蝶属，印度（蛱蝶科：眼蝶亚科）

▲ 闪紫斑环蝶，印度尼西亚，苏门答腊岛，古农勒塞尔国家公园（蛱蝶科：眼蝶亚科）

在亚洲的森林中，栖息着多种多样的眼蝶，它们并不伪装成单个树叶。但其伪装极其精妙，一旦落在落叶堆中，几乎会消失得无影无踪。例如，暮眼蝶属（见上图）的后翅上交织着深色线条，闪紫斑环蝶（见下图）身上则有着明暗对比鲜明的图案。在纷乱的枯叶背景下，这些特点都能有效地模糊它们的轮廓，即使它们的形状并不特别像叶子，也能巧妙地隐匿身形。

▲ 蠹叶蛱蝶，越南，菊芳国家公园（蛱蝶科：蛱蝶亚科）

▶ 枯叶蛱蝶，越南，吉仙国家公园（蛱蝶科：蛱蝶亚科）

2014 年公布的一项研究显示，枯叶蛱蝶（见右图）那近乎完美的拟叶能力，是从基本的蛱蝶翅膀图案出发，历经多个过渡形态逐步演化而成的。在每个过渡阶段，这些蝴蝶通过伪装躲避天敌的能力都比它们的祖先更强。研究者能够依据现存蝴蝶的翅膀图案，追溯这一系列的演变过程。另外，还有一种亚洲的拟叶蝶蠹叶蛱蝶（见上图），它几乎代表了这一进化链上近乎完美的形态，尽管其伪装技巧或许略逊于枯叶蛱蝶，但仍具备非常显著的隐蔽效果。

拟态

警戒色图案需要被捕食者轻易察觉、深刻记住并留在记忆里才有效果，这其中学习过程至关重要。捕食者在选择避开哪种蝴蝶时，需要记忆的图案和颜色越少，这种警告信号就越成功。这就推动了拟态现象的进化：那些不可食用的蝴蝶会逐渐演化得彼此相像（即穆勒拟态），而那些可食用的蝴蝶，则会在外观和习性上都变得与它们那些不可食用的邻居相似（即贝茨拟态），这样它们也能利用捕食者的学习成果来保护自己。

▲ 红带袖蛱蝶，巴西，苏波拉圭岛（蛱蝶科：蛱蝶亚科）
▶ 双红带袖蝶，秘鲁（蛱蝶科：釉蛱蝶亚科）
图中红带袖蛱蝶和双红带袖蝶都拟态了有毒的袖蝶，并且这两种蝴蝶经常一起飞行。其中，生活在哥伦比亚至秘鲁的高地蝴蝶双红带袖蝶模拟了双红袖蝶。在哥伦比亚和厄瓜多尔北部，双红袖蝶的后翅上有一条黄色而非白色的带纹，与之共舞的双红带袖蝶也拥有相同的条纹。另外，来自巴西东南部及阿根廷北部的红带袖蛱蝶拟态了当地的艺神袖蝶和诗神袖蝶，而这两种袖蝶之间也存在着相互拟态的现象。

虎纹拟态

▲ **美纳裙绡蝶亚种，秘鲁（蛱蝶科：斑蝶亚科）**

数十种美洲热带蝴蝶都有着相似的黑、橙、黄相间的翅膀图案，它们共同构成了以绡蝶族蝴蝶为中心的“虎纹拟态”复合体。绡蝶族蝴蝶体内可能富含毒性化合物，这些毒性物质要么是其在幼虫阶段从茄科植物中摄取的，要么是在成虫阶段通过吸食它们喜欢的富含生物碱的花蜜而获得的。裙绡蝶属蝴蝶数量众多且分布广泛，比如美纳裙绡蝶，它们不仅模仿体型更大的绡蝶族蝴蝶，同时也成为其他蝴蝶和蛾类家族中那些进行虎纹拟态的模仿蓝本。

这几页展示的蝴蝶，无论雄性还是雌性都具备拟态特性。然而，在许多其他种类里，尤其是凤蝶和粉蝶，往往是雌性具有拟态能力，而雄性不具备。这可能是因为雄性需要独特的外观来吸引配偶，而雌性在寻找产卵地点时较为脆弱，因此需要额外的防御手段来保护自己。

▲ 奥利纹蛱蝶，秘鲁（蛱蝶科：斑蝶亚科）

共享相似图案的不可食用蝴蝶种类越多，捕食者学会识别这一图案的可能性就越大，穆勒拟态复合体的成功率也就越高。奥利纹蛱蝶，裙绡蝶属的近亲，是厄瓜多尔东部一个虎纹拟态复合体中较为常见的成员之一，该复合体包含 13 种绡蝶族蝴蝶。那么如此多相似的物种是如何共存的呢？部分答案可能与它们对栖息地的喜欢有关，包括对高度的喜欢。例如，奥利纹蛱蝶喜欢深荫处，而其他绡蝶族蝴蝶则更常见于阳光照射的空旷地带。

▲ 奥卡亮绡蝶，委内瑞拉，洛斯亚诺斯（蛱蝶科：斑蝶亚科）

奥卡亮绡蝶是另一种属于绡蝶族、具有虎纹拟态特征的蝴蝶，尽管它与裙绡蝶属和福蛱蝶属的关系并不十分紧密。这些不同拟态复合体成员之间复杂而微妙的相互关系，或许可以作为衡量它们所栖息的热带森林生态系统健康状况的一个重要指标。一项在巴西森林保护区开展的研究显示，在保护区内完好无损的森林深处，那些以腐烂果实为食的绡蝶（包括亮绡蝶属）所形成的拟态环表现良好；而在保护区外那些零散的森林地带，地势开阔且阳光充足，其他拟态复合体则占据了主导地位。

在冬天
如何度冬幸存下来

▲ **蓝枯灰蝶，瑞士（灰蝶科：眼灰蝶亚科）**
活跃的成年蝴蝶需要将体温维持在 28~42°C。天气转凉时，蓝枯灰蝶只能无奈地等待好天气。虽然热带地区的蝴蝶可能需要找阴凉处或者调整姿态减少阳光直射，但温带地区的蝴蝶，在寒冷天气里，却得靠晒太阳或者寻找温暖的地方取暖来提升体温。通过晒太阳，蝴蝶能让自己的体温比周围气温高出约 15°C。

蝴蝶的分布范围与开花植物的分布一样广泛，从赤道南北两侧的高山苔原直至冰川边缘，几乎无处不在。为了能在温带地区生存并繁衍，蝴蝶必须适应那里的寒冷气温以及四季更迭，后者尤为重要。在温带地区的冬天，没有任何一种处于活跃状态的蝴蝶能够存活下来。它们要么通过滞育状态来度过寒冬，即进入一种生命活动几乎停滞的状态，要么就选择迁徙其他地方。

迁徙之路困难重重，因此对于众多蝴蝶选择越冬是一个更为妥当的策略。在英国的 60 多种蝴蝶里，有 9 种以卵的形态过冬，33 种以毛毛虫形态过冬，11 种以蛹的形态过冬，还有 8 种能够保持成虫形态度过冬天。帕眼蝶尤为特别，它既可以选择以幼虫的形态，也能以蛹的形态过冬。那些选择在冬天保持成虫形态的蝴蝶，往往是春天最早翩翩起舞的，有时甚至在地面还被冰雪覆盖时就已振翅高飞了。

▲ 黄缘蛱蝶，瑞士，阿尔卑斯（蛱蝶科：蛱蝶亚科）

秋天临近时，成年黄缘蛱蝶会在各种地方寻找避寒之所，比如树皮下、瓦片遮盖处、树洞里、动物的洞穴内、山洞中或是未供暖的地窖里。随着气温逐渐降低，它们会进入一种类似昏迷的状态。这时，它们细胞内的糖分和甘油含量会增加，就像天然的抗冻剂一样，帮助它们安然度过寒冬。在这种状态下，生活在阿拉斯加地区的黄缘蛱蝶，在气温低至 -30°C 之上都能存活。当天气转暖，它们会通过身体颤抖来提升体温，直到能够重新展翅飞翔。

▲ 冥王红眼蝶，瑞士（蛱蝶科：眼蝶亚科）

冥王红眼蝶是一种仅分布于高海拔阿尔卑斯山和亚平宁山脉的地方特有物种，它们已经适应了寒冷而严酷的自然环境。这种蝴蝶栖息于海拔 1800~3000 米的高山石堆、沼泽以及高山草原之上，这些地方紧邻着常年不化的积雪和冰川。由于冥王红眼蝶的生长季节极为短暂，其幼虫必须经历两次冬眠才能羽化成蝶，两次冬眠通常发生在它们的第三龄期和第五龄期幼虫阶段。熬过第二个冬天后，幼虫会迅速进入化蛹阶段；而成虫则在 6 月中旬到 8 月才出现。

冬季的君主斑蝶

许多蝴蝶都会进行迁徙，但其中，数量庞大的君主斑蝶的迁徙之旅尤其引发了科学家和公众的无限遐想。来自落基山脉以西的君主斑蝶会选择在加利福尼亚州南部度过寒冷的冬季。探寻东部更为庞大的种群越冬之地，让著名的君主斑蝶研究专家弗雷德·厄克特（Fred Urquhart）耗费了将近 40 年的光阴。1937 年，厄克特博士找到了一种方法，可以在既不伤害蝴蝶也不干扰其迁徙的情况下，将纸质标签系在它们的翅膀上。标签上简明地写着："请寄往加拿大多伦多大学动物学系。"多年来，他和一支规模逐渐扩大到数千人的志愿者队伍，一同追踪蝴蝶的迁徙轨迹，为蝴蝶贴上标签，并详细记录下每一张被回收标签的具体位置。

▶ 君主斑蝶，墨西哥，米却肯（蛱蝶科：斑蝶亚科）

这些踪迹指向了墨西哥的山脉。1975 年 1 月，经过长达两年的不懈搜寻，肯·布鲁格（Ken Brugger）与妻子卡塔琳娜·阿瓜多（Catalina Aguado）终于发现了君主斑蝶的越冬栖息地。原来，数百万只蝴蝶从 1 亿公顷的繁殖地聚集到了墨西哥的墨西哥州与米却肯州交界处的塞罗佩隆山上，那片面积不足 8 公顷的密林之中。得知这一消息后，厄克特博士立刻动身前往。令他惊讶的是，他发现了一只带有他的标签的蝴蝶，而这个标签是由一位远在明尼苏达州的志愿者贴上的。

▲ **君主斑蝶，墨西哥，米却肯州（蛱蝶科：斑蝶亚科）**

接着，在周边山脉中又陆续发现了其他几个蝴蝶越冬的地点。但遗憾的是，并非所有这些地点都得到了有效的保护。2002 年，据估算，有 44% 的最佳越冬森林因为非法砍伐而遭到毁坏或退化。一些越冬的蝴蝶种群因此消失，而其他种群的数量也急剧下降。现如今，塞罗佩隆山保护区已经成为覆盖面积为 56259 公顷的君主斑蝶生物圈保护区的一部分，该保护区于 2000 年建立，是早期保护区的延续，涵盖了大多数君主斑蝶的越冬栖息地，并在 2008 年被列为世界遗产。

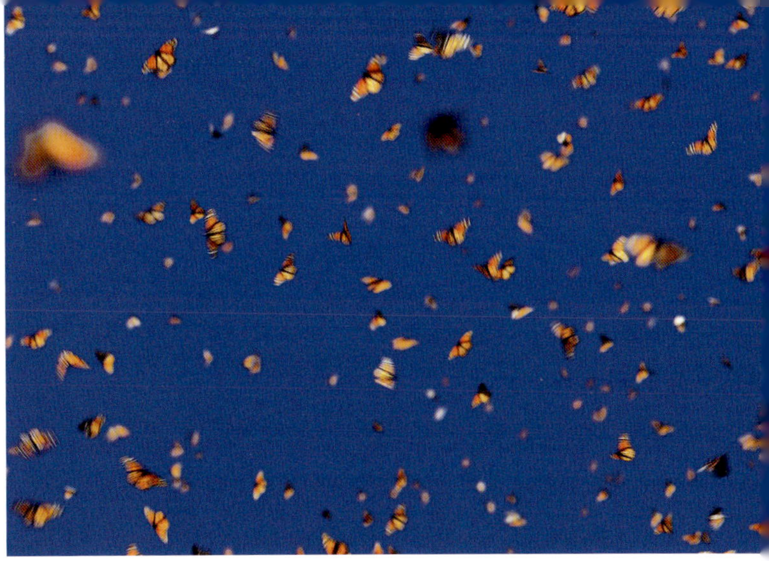

▲ **君主斑蝶，墨西哥，米却肯州（蛱蝶科：斑蝶亚科）**

严格的执法措施取得了显著成效，同时，财政支持也为当地社区提供了保护激励措施以及替代性收入来源（如鳟鱼养殖）。如今，六个旅游中心每年都能吸引成千上万的游客前来参观。大规模非法砍伐的行为已经有所减少，甚至在 2012 年完全没有发现此类活动。不过，小规模的砍伐行为仍在持续发生。君主斑蝶仍然面临着繁殖栖息地丧失、乳草植物数量减少以及气候日益不稳定等多重挑战。如果想要它们能继续在墨西哥的山脉中聚集越冬，相关部门就需要在其整个分布区域内采取更多有效的保护措施。

第十一章

成千上万的飞蛾

当夜幕降临，蝴蝶便让出了天空的舞台，成群结队的飞蛾接踵而至。从物种数量上来说，飞蛾至少是蝴蝶的十五倍之多。实际上，蝴蝶就是一类日行飞蛾，它们只是飞蛾这一大家族中的一个分支。蝴蝶以外那些种类繁多的飞蛾也展示了极其多样的生活习性。它们中不乏对农业造成严重危害的害虫，但同样也有像家蚕这样的益虫，千百年来为人类带来了宝贵的资源与经济收益。

大多数飞蛾体型微小，在常人眼中并不起眼。不过，其中一些却堪称鳞翅目昆虫中的翘楚，就连蝴蝶也难以媲美。有的飞蛾吸血为生，有的"原始"飞蛾则拥有咀嚼式口器而非卷曲的长舌，还有的飞蛾甚至完全没有口器。有无翼的飞蛾，也有翼展宽广、超过所有蝴蝶的巨型飞蛾。有的飞蛾能依靠超声波寻觅伴侣，有的能巧妙干扰蝙蝠的回声定位，从而躲避被捕食的命运。

本章只能算是对鳞翅目昆虫这一庞大家族的一次浅尝辄止的窥探，而非深入的调研报告，希望带领大家探索一个对大多数人而言仍隐匿于黑暗之中的广阔世界。

▶ **乌桕大蚕蛾，马来西亚（天蚕蛾科：天蚕蛾亚科）**
雄性天蚕蛾，包括东南亚体型最为庞大的乌桕大蚕蛾，它拥有蛾类中构造最壮观、复杂的触角。这些触角能够捕捉到远在约 32 千米外随风飘散而来的雌性信息素分子。这种极高的敏感性对它们来说至关重要，因为它们的生命极为短暂。一旦进入成虫阶段，天蚕蛾便失去了能够进食的功能性口器，只能存活短短数日。

夜晚的生物

夜行飞蛾必须在黑夜里求偶，雄蛾在黑暗中寻觅雌蛾，但它们并非像大多数蝴蝶那样依靠视觉发现目标，而是追踪一种化学轨迹。许多雌蛾会通过腹部腺体释放出能够远距离传播的性信息素来“召唤”雄蛾。雄蛾凭借巨大的、多分枝的、羽毛状的触角，能从极远的距离捕捉到这些化学信号。随着信号浓度的逐渐增强，雄蛾便能追踪到正在等待的雌蛾。一只正在召唤的雌蛾可能会释放多种不同的化学物质，但通常只有一种起到远距离吸引的作用，其他化学物质则可能在雄蛾抵达后，用于近距离沟通，特别是在双方接触时发挥关键作用。

雄性蚕蛾不仅要能够探测到雌性释放的性信息素，还必须能够辨别这些信息素是否来源于本族飞蛾。以中国和日本特有的透目大蚕蛾雄性为例，它们的触角对同种雌性释放的特定化学物质极为敏感，但对于另一种日本蚕蛾荣氏络蛾释放的用来吸引雄性的化合物则完全无动于衷。

▲▲ 身份不明的飞蛾，厄瓜多尔西部，乔科

▲ 迪尔菲蛾（未定种），厄瓜多尔中部（天蚕蛾科：新天蛾亚科）

◥ 身份不明的飞蛾，厄瓜多尔中部

▶ 身份不明的飞蛾，肯尼亚，卡卡梅加森林

即便是夜行飞蛾，也能展现出斑斓的色彩，比如栖息于厄瓜多尔云雾森林（最上图、上图及右页顶图）以及肯尼亚卡卡梅加森林（右页下图）的这些飞蛾。它们的体表往往覆盖着浓密的绒毛，能够帮助它们在夜间抵御寒冷。与蝴蝶不同，飞蛾的触角末端并没有球状结构，而是呈羽毛状。这样的结构有助于它们捕捉来自雌性飞蛾的性信息素或是植物释放的化合物，这些信号可能会指引它们找到食物来源或是适宜的产卵地点。

飞蛾的大小

蚕蛾

巨型蚕蛾是令人惊叹的生物：体型庞大、绚丽多彩，成虫阶段如昙花一现，拥有着近乎幽灵般的美丽。它们归属于天蚕蛾科这个大家庭，这个科划分为 7 个亚科，在全球范围内共计有超过 1400 种成员，其中 860 种分布在亚洲和南美洲。虽然蚕蛾因能产出丝绸茧而著称，但实际上，市场上用于制作丝绸的丝绸茧却来自另一个家族——蚕蛾科的家蚕。

▲ **降脉深天蛾，厄瓜多尔中部（天蚕蛾科：角蝟亚科）**

隆脉深天蛾是帝王蛾属的南美洲相关种。帝王蛾属包括北美帝王蛾，这是一种广泛分布于北美的天蚕蛾，也是北美东部数量急剧减少的几种天蚕蛾之一。20 世纪 80 年代，它在新英格兰的大部分地区几乎绝迹，这很可能是人们为了对抗舞毒蛾的侵害引进寄生蝇带来的后果。幸运的是，隆脉深天蛾在马萨诸塞州的马萨葡萄园岛上存活了下来，因为该岛上似乎并未出现这种寄生蝇。

◀ **大眼纹天蚕蛾，法属圭亚那，鲁拉，可可（天蚕蛾科：天蚕蛾亚科）**

大眼纹天蚕蛾是亚洲乌桕大蚕蛾在南美洲的近亲。和乌桕大蚕蛾相仿，大眼纹天蚕蛾的翅膀上也分布着大片透明区域，因此在哥斯达黎加，人们形象地称之为“四扇窗”（cuatro ventanas）。这些透明区域上的鳞片已经退化成了细如发丝的刚毛，从侧边观看时会折射出光芒。蚕蛾停歇时，这些“窗户”宛如透明无物，但在月光下翩翩起舞时，它们又能像镜子一般熠熠生辉。不过，这些“窗户”背后所蕴含的具体信息，目前还尚未揭晓。

月蛾

蚕蛾至少经历了四次漫长的尾部进化过程，形成了非常奇特的长尾。其中一些尾长与蚕蛾身体长度不相上下，甚至更长。为何夜间活动的蚕蛾需要如此华丽的装饰呢？爱达荷州博伊西州立大学的杰西·巴伯（Jesse Barber）最近的一项研究给出了一个令人惊讶的答案：美洲月形天蚕蛾的尾部能够干扰蝙蝠的捕食。蝙蝠通过回声定位来寻找猎物，而飞行中的蚕蛾尾部会反射这些信号，导致蝙蝠攻击方向出现偏差。实验显示，在一个黑暗的房间内，释放的月蛾只有35%被大棕蝠捕捉到，但如果事先剪去月蛾的尾部，捕捉成功率则飙升至81%。高速红外摄像显示，超过半数的蝙蝠对未剪尾月蛾的攻击会发生偏差，几乎每次都会扑空。

▼ **伊莎贝拉蛾，瑞士（天蚕蛾科：天蚕蛾亚科）**
伊莎贝拉蛾是一种分布范围极其狭窄的昆虫，仅生活在西班牙、法国以及瑞士的山地松林地带，受到了欧盟《栖息地指令》的严格保护。幼虫主要以松针为食，每当把一根松针吃得只剩下根部时，幼虫就会用丝线巧妙地把末端封起来，这可能是为了保护自己免受流出的松脂之害。

▶ **雄性彗星尾天蚕蛾，马达加斯加岛（天蚕蛾科：天蚕蛾亚科）**

在月蛾家族中，最为壮观的成员当属马达加斯加的雄性彗星尾天蚕蛾。其翅展可达 20 厘米，尾部更是有 15 厘米之长，相比之下，雌性蛾的尾部则显得更宽更短。这种蛾在野外较为罕见，但当地已开始人工饲养，以满足蛾类爱好者的需求。同时也将这种蛾与其他几种马达加斯加蛾类的茧一同视为本土丝绸生产潜在的新材料。彗星尾天蚕蛾的卵是已知最大的鳞翅目昆虫卵之一，直径可达 4 毫米。

天蛾

天蛾科因其独特的外形特征——狭长的前翅和肥大的腹部，而极易被辨认出来，是大型蛾类中最具辨识度的一类。这个科包含了全球范围内近 1500 种不同的物种，进一步细分为三个亚科。许多天蛾选择在白天飞翔，其中不乏一些擅长模仿蜜蜂和黄蜂的种类。大多数天蛾都是积极的花蜜采集者，而且很多种类的舌头特别发达，有的还异常修长。其中，纪录保持者是一种热带美洲沃氏双态天蛾，其喙管长达 28 厘米，是其体长的四倍。

天蛾是飞行能力极强的昆虫，与大多数蝴蝶不同，它们在觅食时能够在花朵前悬停。这种独特的悬停本领，在一定程度上解释了为什么天蛾的舌头能比蝴蝶的舌头长得多。蝴蝶一般需要降落在花朵上才能进食，在停留处将非常长的喙管插入花朵中可能相当困难。相比之下，悬停中的天蛾可以从一个相对便利的距离轻松伸出舌头，这样不仅便于取食，或许还能巧妙地避开花朵中潜藏蜘蛛的威胁。

赭带鬼脸天蛾是欧洲的一种天蛾，胸部有一个类似人类头骨的标记，因此长久以来被视为死亡的预兆。它的学名源自冥界中的冥河（Acheron）以及掌管剪断生命之线的命运女神阿特洛波斯（Atropos）。

◀ 戈氏原天蛾，法属圭亚那（天蛾科：短吻天蛾亚科）

▲ 柯氏棒脉天蛾，马达加斯加岛（天蛾科：短吻天蛾亚科）

左图所示的是中南美洲特有的戈氏原天蛾，它的前翅异常修长，尖端呈现出标志性的缺口形状。在原天蛾属中，还有一种纹脉原天蛾，其分布范围向北扩展到了佛罗里达州南部。而上方图片中的柯氏棒脉天蛾，则是马达加斯加独有的众多天蛾种类之一。另一种非洲棒脉天蛾，则广泛分布在非洲各地。这两种天蛾都属于短吻天蛾亚科，也就是眼斑天蛾属。它们的翅膀边缘呈齿状，并布满了迷惑性的图案，这使得它们能够巧妙地隐藏在树皮背影下，难以被察觉。

▲ **蜂鸟鹰蛾，瑞士（天蛾科：长喙天蛾亚科）**

▶ **宽边蜂蛾，瑞士（天蛾科：长喙天蛾亚科）**

长喙天蛾亚科中包含了一类日间活动的短翅天蛾，它们在伸出长舌探取花蜜时，其姿态与悬停觅食的蜂鸟惊人地相似。比如上图所示的蜂鸟鹰蛾，它正悬停在一株起绒草旁觅食。蜂鸟鹰蛾并非拟态者，因为它栖息于欧亚大陆，而那里并无蜂鸟的存在。不过，右图展示的宽边蜂蛾及其亲缘种类，由于翅膀上拥有大片的透明区域，确实在外观和飞行方式上模仿了大黄蜂，形成了拟态现象。

▲ 马岛长喙天蛾，马达加斯加岛（天蛾科：天蛾亚科）
1862 年，查尔斯 · 达尔文收到了一株马达加斯加特有的兰花——长距彗星兰，其花蜜距长达 20~30 厘米。达尔文在信中称其“令人震惊”，并惊叹道：“天哪，什么样的昆虫能吸到这么深的花蜜？”他后来写道：“在马达加斯加，必定存在着一种喙管能够伸长至 25~28 厘米的蛾！”1903 年，即达尔文逝世 20 年后，人们发现了马岛长喙天蛾，如今它被称为“达尔文之蛾”，这一发现证实了达尔文的推测。

◀ 马岛长喙天蛾，马达加斯加（天蛾科：天蛾亚科）
达尔文的伟大之处在于他意识到这种兰花与当时尚未被发现的蛾类必定是共同进化的，这一过程现在被称为“协同进化”：“看起来，长距彗星兰的花蜜距与某些蛾类的喙管，在进行着一场长度上的较量”。由此，兰花获得了一个专属的传粉者，而蛾类则获得了一个只有它能触及的蜜源。直至 1992 年，也就是达尔文提出这一推测后的 130 年，科学家们才亲眼看见了一只被称为“达尔文之蛾”的昆虫，在其专属兰花上采蜜。

日行蛾

令人惊讶的是，有相当数量的蛾类与蝴蝶一样，在白天也十分活跃。而且，它们中的许多种类色彩同样鲜艳，甚至更为绚丽。有好些蛾类家族主要是在白天活动，而在它们当中，那些色彩最为艳丽的蛾类身上所呈现出的绚丽色彩其实是一种警告，表明它们体内含有有毒化学物质。

◥ **月亮蛾，玻利维亚，鲁雷纳巴克（燕蛾科：燕蛾亚科）**

▶ **黄道神天蛾，澳大利亚，巨石度假村（燕蛾科：燕蛾亚科）**

在日间飞行的蛾类中，最为引人注目的当属热带地区的燕蛾科。比如南美洲的月亮蛾（见上图）和热带澳大利亚的黄道神天蛾（见右图）等蛾，它们常常让人误以为是凤蝶。实际上，一些燕蛾科的成员与真正的凤蝶之间存在着拟态关系，它们或是作为模仿对象，或是作为模仿者。还有一种热带美洲的燕蛾，是一种迁徙性的蛾类，每年秋季都会从中美洲长途跋涉数千千米飞往南美洲，途中多次停留以采集花蜜。

◀ **红棒球灯蛾，瑞士（目夜蛾科：灯蛾亚科）**

◣ **猩红丽灯蛾，瑞士（目夜蛾科：灯蛾亚科）**

▼ **九斑蛾，瑞士（目夜蛾科：灯蛾亚科）**

灯蛾科中包含了许多在日间活动的物种，它们不仅色彩斑斓具有警示作用，还带有毒性，更有一些蛾类擅长模仿黄蜂，就连它们的卵，也可能携带来自母体的有毒化学物质。与斑蝶相似，红棒球灯蛾（左上图）和猩红丽灯蛾（左中图）的幼虫会摄取双稠吡咯啶生物碱作为防御手段，而九斑蛾（左下图）则是依靠体内的防御性蛋白质来保护自己。这三种蛾类在欧洲地区十分常见，红棒球灯蛾还被人为地引入了新西兰。

▲ **隔离萨加拟尺蛾和转纹拟尺蛾，印度尼西亚，苏门答腊，古农勒塞尔国家公园（尺蛾科：尺蛾亚科）**

尽管尺蛾科与燕蛾科以及蝴蝶之间存在着亲缘关系，但它们主要还是夜间活动的生物。不过，分布于从东亚一直到澳大利亚东北部的豹尺蛾属却是个引人注目的特例。在柬埔寨，农民们会饲养隔离萨加拟尺蛾，部分原因是为了供应给自 2008 年起就在暹粒运营的一家蝴蝶中心。这张拍摄于苏门答腊的照片展示了一只银蓝色的转纹拟尺蛾，这是一个昼夜均活动的物种，照片中它的旁边还伴有几只隔离萨加拟尺蛾。

▶ **福红羽蛾，瑞士（斑蛾科：斑蛾亚科）**

斑蛾科飞蛾体内有能分解为氰化氢的葡糖苷，因此其毒性极强，它们身上醒目的颜色正是对这种毒性的警示。它们在花朵上栖息时，由于毫无防备，往往容易成为捕食者的猎物。福红羽蛾体内有一个富含糖分的嗉囊，这个嗉囊可以很方便地从蛾休中取出，而且几乎不含甚至完全不含氰化物，因此，在意大利东北部，这些嗉囊一度是孩子们的传统零食。

◀▲ **狮鬃拟灯蛾，坦桑尼亚，贡贝国家公园（目夜蛾科：灯蛾亚科）**

狮鬃拟灯蛾是一种在非洲广泛分布的灯蛾。与某些蝴蝶不同，蛾类通常不会群居，但狮鬃拟灯蛾和其他多种灯蛾一样，有时会以一定数量的群体形式聚集。这张照片摄于坦桑尼亚的贡贝国家公园，该公园因简·古道尔（Jane Goodall）对黑猩猩的研究而声名远扬。停息的灯蛾一旦受到惊动，便会振翅高飞，形成一片云状。即便蛾类的有毒警戒未起作用，这种集体起飞的壮观场面也足以吓退饥饿的捕食者。

巨型蛾

究竟哪种蛾，更确切地说，究竟哪种鳞翅目昆虫是最大的？这取决于你如何衡量。无论是蝴蝶、蛾类，还是甲虫（更不用说那些体型庞大的蜘蛛、千足虫和蝎子了），体型最大的大多生活在热带地区。我们目前还不清楚这背后的具体原因，但有一种观点认为，真正的大型昆虫可能需要较高的温度才能生存。它们的体型越大，或许就需要越多的热量来保持足够高的代谢率，从而得以存活。尽管在遥远的古代，富含氧气的大气环境中存在着体型更加庞大的陆地无脊椎动物，但在当前世界的条件下，这些巨型蛾或许已经是昆虫能够长到的最大体型了。

▲ 白女巫蛾，圭亚那（夜蛾科：裳夜蛾亚科 ）

◀ 雄性乌桕大蚕蛾，马来西亚（天蚕蛾科：天蚕蛾亚科）

热带美洲的白女巫蛾（上图），隶属于夜蛾科，其翼展之大，在蛾类与蝴蝶界中独占鳌头，可达 31 厘米。相比之下，热带亚洲的乌桕大蚕蛾（下图）以及新几内亚与澳大利亚东北部的赫氏皇蛾，虽然翼展略逊一筹，分别为 26 厘米和 27 厘米，但它们的翅膀面积更宽大，体态也更加敦实，因此常常与白女巫蛾一同被誉为“最大蛾类”。与其他蚕蛾相同，乌桕大蚕蛾的雄性在体型上也要小于雌性。

小型蛾

尽管巨型蚕蛾和其他一些大型蛾类容易吸引我们的目光，但实际上，绝大多数蛾类的体型都很小。甚至有些蛾类极其微小，比如微蛾科的蛾，它们的翼展只有 2.5 毫米。这些微小的幼虫能在叶片中挖掘通道穿行，这些通道往往只能通过它们留下的痕迹来辨认。这类体型微小的蛾类通常被称作小鳞翅类，或者简称为微蛾。出于便利，我们将微蛾的多个科别与体型较大的蛾类（即大鳞翅类）区分开来。在微蛾之中，包含着蛾类中最古老的分支，其中四个科的蛾类还保留着其他昆虫所特有的咀嚼式口器，尚未进化出卷曲的喙管。

▲ 蕈蛾属，巴布亚新几内亚，克雷特山（谷蛾科）

大多数微蛾都是不起眼的小家伙，它们身披斑驳的棕色或灰色图案，巧妙地伪装在树枝、岩石或枯叶之中，难以被人察觉。来自巴布亚新几内亚的日行性蕈蛾属蛾类，是谷蛾科中一个色彩格外亮丽的属，分布地域广泛，从热带亚洲一直延伸至澳大拉西亚。在谷蛾科大约 3000 种蛾类中，大多数蛾的幼虫以地衣、真菌、植物或动物残骸为食，当然，也包括衣物。只有约十几种特例，幼虫通常以鲜活的高等植物为食。

▲ 白羽蛾，瑞士（羽蛾科：羽蛾亚科）

欧洲的白羽蛾是羽蛾科中最具特色的物种之一，该科目前已知约有 1300 种成员，它们的翅膀通常分裂成带穗的羽状结构。白羽蛾也是体型最大的羽蛾之一，翼展可达 3.5 厘米。幼虫以田旋花为食。大多数羽蛾都是夜晚活动。停歇时，许多种类的羽蛾会将翅膀卷起并伸开来，这时它们的外形就像一小段干枯的草叶，或者一架极其微小的“飞机”。

◀ 红云翅斑螟，瑞士（螟蛾科：斑螟亚科）

螟蛾科是一个庞大的家族，已记录有大约 16500 种不同物种。幼虫多样，包括卷叶蛾、潜叶蛾、根食性蛾和茎蛀蛾等，其中不乏许多危害农业生产的害虫。红云翅斑螟是这个家族中颇为引人注目的成员，翼展在 17~29 毫米。这种蛾无论是白天还是夜晚，都非常活跃。在英国，红云翅斑螟数量稀少，仅见于英格兰南部的白垩丘陵和石灰岩峭壁区域。

飞蛾的翅膀

▲ **日落蛾的后翅细节，马达加斯加岛（燕蛾科：燕蛾亚科）**
没有任何蛾类或蝴蝶能与马达加斯加日落蛾翅膀上展现的结构色相媲美，这种色彩是由光线在其多层鳞片间穿透和反射而形成的。每一片鳞片都由四五层交错的角质薄片构成，这些薄片之间被微小的杆状结构巧妙分隔，并留有细微的空气间隙。正是这些微妙的细节变化，才造就了我们眼前那丰富多变的绚丽色彩。尽管马达加斯加人感觉，从丝质茧中破茧而出的蛾，就如同鬼魂从坟墓中爬出，但他们还是会饲养日落蛾以供出售。

◀ **雌性透翅目大蚕蛾陕西亚种，中国，陕西，秦岭（天蚕蛾科：天蚕蛾亚科）**
在中国的一片森林地面上，一只雌性透目大蚕蛾陕西亚种巧妙地与周遭的秋叶融为一体（见左图）。从远处望去，它翅膀上的眼斑就像是腐叶上自然形成的孔洞；然而，一旦走近细看，这些眼斑却有可能让捕食者猛然一惊，其效果与那些独立进化出的、同样拥有眼斑的蛱蝶科蝴蝶颇为相似。有人在这眼斑与毛茸茸身躯的组合中，仿佛窥见了猫的脸庞；至于捕食者是否也会有同样的视觉感受，那就不得而知了。

▶ 达里天蛾，哥斯达黎加，奇里波国家公园（天蛾科：短吻天蛾亚科）

许多裳夜蛾科的蛾类以及众多天蛾的身体和前翅布满了精细的伪装图案与色彩，与后翅上那些鲜艳且对比强烈的色彩和图案形成了极为鲜明的对比。这样的对比设计，无疑是为了达到惊吓天敌的效果。例如，在墨西哥和中美洲地区生活的达里天蛾等蛾类，在静止休息时，会将那些醒目的色彩巧妙地隐藏在折叠起来的后翅之下。而一旦察觉到危险，它们便会迅速展开前翅，将色彩斑斓的后翅暴露无遗。

▼◢ 眼斑天蛾，瑞士（天蛾科：短吻天蛾亚科）

当后翅展现出一对类似猫头鹰的眼斑时，效果更为惊人，欧洲的眼斑天蛾便是如此。一旦受到惊扰，原本安静的蛾类会抬起前翅，露出眼斑，并剧烈地摇晃和颤动。动物行为学研究的先驱尼科·廷伯根（Niko Tinbergen）发现，小型鸣禽天生就会避开鹰和猫头鹰，而这种眼斑的展示会让它们感到害怕，从而不再靠近蛾类。但是，如果眼斑被遮挡住，这些鸣禽就会发起攻击。

▲ 沃深自御蛾，法属圭亚那（天蚕蛾科：新天蛾亚科）

◀ ◣ 雌性加美利亚蛾，秘鲁坦博帕塔国家自然保护区（天蚕蛾科：新天蛾亚科）

美国的自御蛾属和加美利亚属飞蛾及其近亲后翅上的眼斑着实令人惊叹：它们巨大、醒目，常常被鲜艳的色彩所环绕。在静止状态下，后翅被前翅所遮挡，但一旦蛾类受到惊扰，后翅便会迅速展露无遗。这些眼斑与猫头鹰凝视的眼睛极为相似，加之线条勾勒出的鸟类面部轮廓，更是栩栩如生（试着将这些照片倒置观看）。许多蚕蛾属的物种在展现眼斑的同时，还会坠落地面，表演一场颤抖着、拍打着翅膀的舞蹈。

飞蛾的一生

▼ **帝王蛾，瑞士（天蚕蛾科：天蚕蛾亚科）**
图为一只雌性帝王蛾——英国唯一的本土蚕蛾，它满载着卵粒从茧中破壳而出。当日间活动的雄蛾寻至它身旁，与它在紧邻茧的休憩之所完成交配后，它便在附近的黑刺李上产卵。随着体内卵的数量减少，它会在夜间飞往更远的地方，在接下来的两三天内将全部卵产下。这种成虫无法进食，生命仅有几日。

蛾的幼虫

与成虫一样，蛾类幼虫在外观和体型上也存在着极大的差异。许多蛾类的幼虫，尤其是那些喜欢在茎干或根部打洞的，外表往往十分不起眼。当然，微型蛾的幼虫更是微乎其微，容易被人们忽略。不过，也有一些蛾类幼虫体型庞大、外形引人注目，它们有的色彩鲜艳，有的则形态怪异。这些幼虫拥有各种各样的防御机制，其中极少数甚至能对人类构成致命伤害。

◀ ▲ **孔雀天蚕蛾，瑞士（天蚕蛾科：天蚕蛾亚科）**

欧洲体型最为庞大的蛾类——孔雀天蚕蛾的成熟幼虫。它们的体表布满了天蓝色突起（又称瘤突），这些突起上还镶嵌着带有空心结构的黑色刚毛（见左图）。一旦幼虫遭遇惊扰，这些刚毛便会释放出含有甘油和酚类物质的分泌物，可能是为了驱散前来攻击的蚂蚁或鸟类。当幼虫察觉到危险时，它们会利用颚骨发出连串高频的啾啾声，以此作为警告，告诉捕食者自己具备化学防御能力。此外，请仔细观察其腹部下方那些发达且色彩对比鲜明的腹足（又称伪足，见上图）。

◀ **透翅目大蚕蛾陕西亚种，中国，陕西，秦岭（天蚕蛾科：天蚕蛾亚科）**

成熟的透翅目大蚕蛾幼虫，背部呈现浅绿色，腹部颜色更深一些。它们习惯倒挂在枝头爬行，这样的体色正好起到了反向隐蔽的作用。它们皮肤的光谱反射率与其所食用的橡树叶相匹配。绿色其实是由蓝色和黄色混合而成的，光照会让蓝色色素增多，而对黄色色素则没有影响。所以，如果在黑暗中饲养这些幼虫，它们会变成黄色，而在充足的阳光下，则会保持绿色，这或许与光照对树叶的影响相契合。如果伪装被识破，受到惊吓的幼虫会像老鼠一样发出吱吱的叫声。

▶ **赭带鬼脸天蛾（天蛾科：天蛾亚科）**

大多数天蛾幼虫，比如欧洲的赭带鬼脸天蛾，都能通过一个特别明显的标志来辨认，那就是它们腹部末端长出的一根长长的“角”。蚕蛾与天蛾的幼虫都以树叶为食，有时甚至在同一棵树上共享叶子，但蚕蛾往往更喜欢老叶，而天蛾则偏爱嫩叶。蚕蛾的颚骨构造简单，很适合切割叶片；相比之下，天蛾的颚骨则粗糙带齿，更擅长撕扯、压碎和咀嚼叶片。

◀ **焰豹尺蛾，澳大利亚（尺蛾科：尺蛾亚科）**

豹尺蛾属包括澳大利亚的焰豹尺蛾，幼虫与成虫一样色彩斑斓：它们或呈鲜绿色，或呈黄绿色，身体上点缀着黑色和蓝色的斑点和条纹。鲜艳的色彩似乎是在警告捕食者，自己有毒。与大多数其他尺蛾科的幼虫一样，豹尺蛾幼虫也是一种尺蠖。它们仅有两对位于腹部后端的腹足，行走时呈现出一种环行的步态。

▶ **长尾大蚕蛾，中国（天蚕蛾科：天蚕蛾亚科）**

对于大多数蛾类的幼虫来说，伪装是它们自我保护的第一道防线。比如松天蛾和长尾大蚕蛾的幼虫，它们都以松针为食。当它们成长到末龄期时，体表会长出白色或银色的线条花纹，这些花纹穿插在绿色的身体之上，使它们看起来就像是一簇松针。

▲ **黄白舟蛾，瑞士（舟蛾科：舟蛾亚科）**

欧洲常见的舟蛾科飞蛾黄白舟蛾的幼虫受到威胁时，会抬起头和尾部的末端。这时，你或许会疑惑，哪一端是头，哪一端是尾呢？其实，尾端（图中右侧）要大得多，且颜色更为鲜艳。这种奇特的体态，尤其是在它摆出防御姿势时，难以辨认出它是一只虫子。

▶ **苹蚁舟蛾，瑞士（舟蛾科：蚁舟蛾亚科）**

苹蚁舟蛾的末龄幼虫，比起黄白舟蛾的幼虫来，模样更难以被识别为蛾类幼虫。一旦受到惊吓，它就会把头和尾凑在一起，装成一片破碎的干枯落叶。要是被发现了，它就会猛地伸出长长的腿往前一顶，但这一举动是否能吓到鸟类尚不得而知。初龄幼虫呈黑色，它们会模仿蚂蚁的外形和行为，像蚂蚁一样摆动着自己长长的腿。随着幼虫不断长大和蜕皮，它们的外表就会慢慢变得像树叶一样。

▶ **黑带二尾舟蛾，瑞士（舟蛾科：舟蛾亚科）**

如果黑带二尾舟蛾的幼虫遭遇威胁，它会迅速抬头又缩回，亮出它那粉红色的“小脸”，同时翘起它的“尾巴”（即高度特化的肛门，也就是后腹足），四处摆动，并从每个“尾巴”里抽出一条鞭子般的粉红细丝。要是这招不起作用，它还能从头部下方的腺体里喷出一股甲酸溶液，这液体要是溅到眼睛里，会引起异常疼痛。不过，这些防御手段主要是用来对付寄生蜂和寄生蝇的，而非鸟类，因为鸟类不管怎样都会捕食这些幼虫。

终极防御

至少有 10 个蛾科的幼虫身上长有刺毛能引起刺痛，如荨麻属植物所带有的刺毛。这些刺毛轻则让人感觉刺痛、难受，重则导致过敏性休克、出血乃至死亡。带有刺毛的幼虫通常色彩鲜艳，这是对任何接近它们的寄生虫或捕食者的明确警告。

◀ **刺蛾幼虫，巴布亚新几内亚，海亚村（刺蛾科）**
刺蛾科的幼虫是蛾类幼虫中最为奇特的种类之一。它们的外观多样且怪异，许多种类色彩斑斓，并配备有成簇的刺毛。腹足被隐藏起来，顶端长有吸盘，因此它们不是爬行，而是用腹部滑行。头部被胸部的延伸部分所覆盖，几乎看不见。鞍背刺蛾是北美毒性最强的蛾类幼虫之一，被它蜇伤可能导致休克和出血。图中这只色彩缤纷的幼虫来自巴布亚新几内亚。

▲ **绒蛾幼虫，秘鲁，廷戈玛丽亚（绒蛾科）**
若惊扰了绒蛾科的幼虫，它可能会瞬间炸毛，变成一个毛茸茸的绒球。它的威胁不容小觑。在它那浓密且竖起的毛发里，藏着有毒的针状刚毛，这些刚毛极易折断并扎进皮肤里，释放出让人疼痛难忍的毒素。大多数绒蛾栖息在美洲的热带区域，有些种类的体长能达到 8 厘米。有几种绒蛾在美国已有分布，它们的毒性甚至超过了鞍背刺蛾幼虫。在南美洲，有一种名为“栗翅斑伞鸟”（Laniocera hypopyrra）的鸟类，它们的雏鸟在外形和举动上都与绒蛾的幼虫颇为相似，或许它们是在模仿绒蛾幼虫，以此吓退捕食者。

▲◥▶ **蚕蛾幼虫，巴西（天蚕蛾科）**

许多热带美洲蚕蛾的幼虫体表都长满了刺毛。就连雌性黄尾蛾成虫身上的毛，也会引发一种让人瘙痒的皮肤病。而接触来自巴西南部的一种蚕蛾——天蚕蛾的幼虫，会造成剧烈疼痛，导致身体虚弱，在极其严重的情况下，甚至会造成肾衰竭、脑内出血乃至死亡。随着森林被砍伐，原生林逐渐被果树所取代，天蚕蛾的幼虫在这些果树上大量繁殖。因此，人们接触到天蚕蛾幼虫的事件（往往是一次性接触到成百上千只幼虫）也日益增多。

蛾茧

▲ **透翅目大蚕蛾陕西亚种（天蚕蛾科：天蚕蛾亚科）**

与大多数蝴蝶不同，多数蛾类会选择在丝制茧中化蛹，这些茧有的附着在植物上，有的则藏在地下洞穴中（大多数天蛾在浅层土壤中化蛹，而且往往不结茧）。茧的结构和成分差异很大。其中，透翅目大蚕蛾那敞开的绿色茧尤为引人注目，其形状酷似猪笼草的捕虫笼。蛹安卧于茧内，而茧底部的排水孔则能防止雨水积聚其中。

◀ **蜕皮的杨大透翅蛾，瑞士（透翅蛾科：透翅蛾亚科）**

杨大透翅蛾的幼虫会钻入杨树中。经过一到两年后，它会在树皮下的空腔内用丝和碎屑织成一个茧，在茧内再度过一个冬天，然后在早春时节于茧内化蛹。为了钻出树干，蛹会利用其腹部短小的刚毛作为支点，扭动身体向外挣扎，直到身体几乎有一半从树中伸出。这时，它完全脱壳而出成为成虫，留下空壳（即蜕皮）在树中。

▲ ▶ 博罗塞拉蛾，马达加斯加，安齐拉纳纳，法国山自然保护区（枯叶蛾科）

在马达加斯加，人们长期以来一直从本土蛾类的茧中制取“兰迪贝”（landibe）或称为野蚕丝。传统上，人们会用卡简尼瘤蛾的蚕丝制作祭祀用的裹尸布。博罗塞拉蛾的蚕丝在马达加斯加备受青睐，无论是制作裹尸布还是衣物，都比商业蚕丝更受欢迎。因此，采集、纺丝、染色和编织都为当地社区提供了收入来源，尤其是在水稻收获之前。蚕蛹本身也被视为一种美味佳肴。然而，不幸的是，森林砍伐和过度采集已经大大减少了野生茧的供应，也削减了蚕丝所带来的收入。

隐匿、伪装和拟态

前文讲过，至少有 10 个蛾科的幼虫身上长有刺毛或能引起刺痛的毛（如荨麻属植物 Urtica 所带有的刺毛）。这些刺毛轻则让人感觉刺痛、难受，重则导致过敏性休克、出血乃至死亡。在北美，最为人所知的刺毛幼虫是刺蛾的幼虫，它们体表布满了刚毛，每一根都与其他刺毛幼虫的致痒毛相仿，都连接着一个毒腺。一旦这些刚毛被触碰，极易折断，而折断的毛尖会释放出毒液。刺毛幼虫往往色彩斑斓，十分显眼，这是向企图接近的寄生虫或捕食者发出的警告。

▲▲ 身份不明的飞蛾，厄瓜多尔西部

▲ 夜蛾，法属圭亚那（夜蛾科）

蛾类是伪装和拟态的高手。它们能够不着痕迹地融入树皮之中（上图），或者通过卷起翅膀（上上图）来伪装成干枯的茎秆、树皮碎片或小树枝。图中这些蛾类来自南美洲。

▲ **李褐枯叶蛾，瑞士（枯叶蛾科）**

李褐枯叶蛾是欧洲蛾类中最擅长伪装的种类之一。它那独特的形状与姿态——后翅从前翅下方伸出，并呈八字形散开——让它看起来像一片枯叶。它的种名“*quercifolia*”，正寓意着“橡树叶”。

▲ **窄边蜂天蛾，瑞士（天蛾科：长喙天蛾亚科）**

◀ **黄蜂蛾，瑞士（透翅蛾科：透翅蛾亚科）**

除了是伪装高手，蛾类还能极其逼真地模仿蚂蚁、甲虫、蜘蛛以及其他可能被捕食者视为有毒或不可口的无脊椎动物。许多日间飞行的蛾类与蜜蜂和黄蜂极为相似。比如，上图展示的窄边蜂天蛾，它的模样就如同一只大黄蜂，而左图中的黄蜂蛾更是将大型黄蜂的形态模仿得惟妙惟肖，就连飞行时那种悠闲且嗡嗡作响的姿态也一并学了去。众所周知，鸟类不吃黄蜂蛾，由此可以看出，黄蜂蛾的外表既是一种伪装，也是一种警告。此刻，图中这只黄蜂蛾正从腹部末端伸出一个释放信息素的腺体。

拓展阅读

Boggs, C.L., W.B. Watt and P.R. Ehrlich. *Butterflies: Ecology and Evolution Taking Flight*. Chicago: University of Chicago Press, 2003.

Braby, M.F. *The Butterflies of Australia: Their Identification, Biology and Distribution*. Collingwood, Australia: CSIRO, 2000.

——. *The Complete Field Guide to Butterflies of Australia*. Collingwood, Australia: CSIRO, 2004.

Brock, J.P., K. Kaufman and J.P. Brock. *Kaufman Field Guide to Butterflies of North America*. New York: Houghton Mifflin, 2003.

Cassie, B., and K.B. Sandved. *A World of Butterflies*. New York: Bulfinch, 2004.

Cech, R., and G. Tudor. *Butterflies of the East Coast: An Observer's Guide*. Princeton, NJ: Princeton University Press, 2005.

Collins, N.M., and M.G. Morris. *Threatened Swallowtail Butterflies of the World: The IUCN Red Data Book*. Gland, Switzerland: IUCN, 1985.

Covell, C.V. *A Field Guide to Moths of Eastern North America*. Martinsville: Virginia Museum of Natural History in association with the Smithsonian Institution, 2005.

d' Abrera, B. *World Butterflies*. London: Hill House, 2006.

DeVries, P.J. *The Butterflies of Costa Rica and Their Natural History*. 2 vols. Princeton, NJ: Princeton University Press, 1987 and 1997.

Ek-Amnuay, P. *Butterflies of Thailand*. Bangkok: Baan Lae Suan Amarin, 2012.

Glassberg, J. *Butterflies of North America*. New York: Sterling, 2011.

——. *A Swift Guide to the Butterflies of Mexico and Central America*. Morristown, NJ: Sunstreak, 2007.

——. *A Swift Guide to the Butterflies of North America*. Morristown, NJ: Sunstreak, 2012.

Guppy, C.S., J. Shepard and Royal British Columbia Museum. *Butterflies of British Columbia: Including Western Alberta, Southern Yukon, the Alaska Panhandle, Washington, Northern Oregon, Northern Idaho, Northwestern Montana*. Vancouver: UBC Press, 2001.

Halpern, S. *Four Wings and a Prayer: Caught in the Mystery of the Monarch Butterflies*. New York: Pantheon Books, 2001.

Hoskins, A. *Butterflies of the World*. London: New Holland, 2015.

Howse, P. *Butterflies: Messages from Psyche*. Winterbourne, UK: Papada-kis, 2010.

Howse, P., and K. Wolfe. *The Giant Silkmoths: Colour, Mimicry and Camouflage*. Winterbourne, UK: Papadakis, 2012.

Khew, S.K. *A Field Guide to the Butterflies of Singapore*. Singapore: Ink on Paper, 2010.

Kirton, L. *A Naturalist's Guide to the Butterflies of Peninsular Malaysia, Singapore and Thailand*. Oxford: John Beaufoy, 2014.

Larsen, T.B. *The Butterflies of Kenya and Their Natural History*. Oxford: Oxford University Press, 1999.

Laufer, P. *The Dangerous World of Butterflies: The Startling Subculture of Criminals, Collectors, and Conservationists*. Guilford, CT: Lyons, 2009.

Layberry, R.A., P.W. Hall, J.D. Lafontaine and Canada Institute for Scientific and Technical Information. *The Butterflies of Canada*. Toronto: University of Toronto Press, 1998.

Marent, T., and B. Morgan. *Butterfly*. New York: DK Publishing, 2008.

Mikula, R., and C. Mikula. *Garden Butterflies of North America: A Gallery of Garden Butterflies and How to Attract Them*. Minocqua, WI: Willow Creek, 1997.

Miller, J.C., D.H. Janzen and W. Hallwachs. *100 Caterpillars: Portraits from the Tropical Forests of Costa Rica*. Cambridge, MA: Belknap, 2006.

Nash, D., T. Boyd and D. Hardiman. *Ireland's Butterflies: A Review*. Dublin: Dublin Naturalists' Field Club, 2012.

New, T.R. *Lepidoptera and Conservation*. Chichester, UK: Wiley, 2014.

Oberhauser, K.S., and M.J. Solensky. *Monarch Butterfly Biology and Conservation*. Ithaca, NY: Cornell University Press, 2004.

Opler, P.A. *A Field Guide to Eastern Butterflies*. Boston: Houghton Mifflin, 1998.

Opler, P.A., and J.W. Tilden. *A Field Guide to Western Butterflies*. Boston: Houghton Mifflin, 1999.

Orr, A.G., and R.L. Kitching. *The Butterflies of Australia*. Crows Nest, NSW: Allen & Unwin, 2011.

Preston-Mafham, K. *500 Butterflies: Butterflies from Around the World*. Rochester, UK: Grange, 2007.

Preston-Mafham, R., and K. Preston-Mafham. *Butterflies of the World*. London: Cassell, 2004.

Sbordoni,V., and S. Forestiero. *Butterflies of the World*. Buffalo, NY: Firefly, 1998.

Schappert, P.J. *A World for Butterflies: Their Lives, Behavior, and Future*. Buffalo, NY: Firefly, 2005.

Scott, J.A. *The Butterflies of North America: A Natural History and Field Guide*. Stanford, CA: Stanford University Press, 1992.

Speart, J. *Winged Obsession: The Pursuit of the World's Most Notorious Butterfly Smuggler*. New York: William Morrow, 2011.

Sterling, P., M. Parsons and R. Lewington. *Field Guide to the Micro Moths of Great Britain and Ireland*. Gillingham, UK: British Wildlife, 2012.

Tolman, T., and R. Lewington. *Butterflies of Europe*. Princeton, NJ: Princeton University Press, 2001.

Tyler, H.A., K.S. Brown and K.H. Wilson. *Swallowtail Butterflies of the Americas: A Study in Biological Dynamics, Ecological Diversity, Biosystematics, and Conservation*. Gainesville, FL: Scientific, 1994.

Wagner, D.L. *Caterpillars of Eastern North America: A Guide to Identification and Natural History*. Princeton, NJ: Princeton University Press, 2005.

——. *Owlet Caterpillars of Eastern North America*. Princeton, NJ: Princeton University Press, 2011.

Waring, P., M. Townsend, M. Tunmore and R. Lewington. *Field Guide to the Moths of Great Britain and Ireland*. Gillingham, UK: British Wildlife, 2009.

Woodhall, S. *Field Guide to Butterflies of South Africa*. Cape Town: Struik, 2005.

Young, M. *The Natural History of Moths*. London: Poyser, 1997.

网站

Butterflies and Moths of North America: http://www.butterfliesandmoths. org/

Butterflies of America: http://butterfliesofamerica.com/

Butterflies of Singapore: http://butterflycircle.blogspot.ca/

Learn about Butterflies: http://www.learnaboutbutterflies.com/

Lepidoptera and Their Ecology [Europe]: http://www.pyrgus.de/index_en.php

Monarch Watch: http://www.monarchwatch.org/

Nymphalidae Systematics Group: http://nymphalidae.utu.fi/Nymphalidae.htm

Samui Butterflies [Thailand]: http://www.samuibutterflies.com/home/

United Kingdom Butterfly Monitoring Scheme (UKBMS): http://www.ukbms.org/

The Xerces Society for Invertebrate Conservation: http://www.xerces.org/

欢迎有兴趣深入了解的朋友下载本书编写时参考的 400 余篇论文清单。相关链接请见：http://ronorensteinwriter.blogspot.ca/2015/04/referencelistforbutterflies. html.

索引

J

K

L

Y

Z

部分图片版权信息

致谢

作者致谢

我并非昆虫学家，故而对于昆虫学家们的慷慨相助深表谢意。其中，哈拉尔德·克雷恩（Harald Krenn）与基思·威尔莫特（Keith Willmott）审阅了本书的大部分内容。查尔斯·科维尔（Charles Covell）专注于蛾类章节的审阅，史蒂文·雷珀特（Steven Reppert）则对迁徙相关内容进行了细致审查，而基思·沃尔夫（Keith Wolfe）则承担了毛毛虫部分的审阅工作。此外，较短的段落亦得到了特苏·安多（Tetsu Ando）、佐尔特·巴林特（Zsolt Bálint）、扬妮·瓦尔科宁（Janne Valkonen）及罗杰·维拉（Roger Vila）的审阅。我从他们的意见与修订中受益匪浅。

基思·威尔莫特对众多热带美洲蝴蝶的鉴定进行了仔细核对与纠正，尤其是针对那些难以区分的绡蝶族蝴蝶。莱斯·戴（Les Day）则针对东南亚地区的蝴蝶进行了同样的鉴定工作。基思·沃尔夫在鉴定大量毛毛虫照片方面给予了协助，而查尔斯·科维尔、詹姆斯·海登（James Hayden）以及比尔·奥尔克（Bill Oehlke）则鉴定了许多蛾类。此外，罗布·德·沃斯（Rob de Vos）、埃弗拉因·哈瑙（Efrain Hanao）、安德鲁·沃伦（Andrew Warren）和皮特·祖姆克尔（Piet Zumkehr）也提供了宝贵的鉴定支持。

自然资源保护委员会（Natural Resources Defense Council）的西尔维娅·法伦（Sylvia Fallon）向我提供了该委员会有关君主斑蝶诉讼的最新进展。同时，我也从互联网上一些信息丰富的蝴蝶主题网站受益匪浅，比如莱斯·戴创建的“苏梅岛蝴蝶”（Samui Butterflies）和阿德里安·霍斯金斯（Adrian Hoskins）的“了解蝴蝶”（Learn About Butterflies）。我已将这些网站的链接添加至阅读清单之中。尽管我得到了众多人士的鼎力相助，但本书若有任何疏漏或错误之处，责任均由我本人承担。

总体来说，本书所采用的分类体系是依据生命之树项目（http://tolweb.org/tree/）的分类框架来构建的。鉴于全球范围内尚未形成一个普遍认可的蝴蝶名录，我在确定蝴蝶的英文名称时，综合参考了多种资料。在无法找到合适英文名称的情况下，我选择了使用拉丁名，而非自行杜撰新的英文名称。

衷心感谢托马斯·马伦特（Thomas Marent）提供的众多精彩绝伦的照片。同时，吕克·莱加尔（Luc Legal）分享的短角宝凤蝶（Baronia brevicornis）的照片，哈佛大学比较动物学博物馆及康妮·奥康纳（Conni O'Connor）提供的昏眼蝶（Prodryas persephone）的图片，都让我深感感激。此外，我还要向萤火虫出版社（Firefly Books）的莱昂内尔·科夫勒（Lionel Koffler）、伊丽莎白·麦柯迪（Elizabeth McCurdy）和迈克尔·莫兰（Michael Mouland），以及反击公司（Counterpunch Inc.）的琳达·古斯塔夫森（Linda Gustafson）表达我的谢意，感谢他们在本书编纂过程中给予的大力支持，以及将我的文字如此精美地呈现给读者。

撰写这本书时，正值我和我的家人最艰难的一段时期。项目刚开始不久，我和妻子就得知我们的孙子罗伊斯·拉贾·黄（Royce Raja Wong）被确诊患有癌症。随后的五个月里，我们大部分时间都在新加坡的医院陪伴着他，之后我们全家前往加拿大，罗伊斯在多伦多儿童医院继续接受治疗。在这样的艰难时刻，坚持完成这本自然史书籍的写作，其挑战之大，难以言表。我深深感激我的妻子艾琳·颜（Eileen Yen）和家人，他们为我创造出写作空间，包容我经常沉浸在电脑前而缺席了许多家庭时光。同时，我也要感谢我的母亲玛丽·奥伦斯坦（Mary Orenstein），她一直以来都热爱蝴蝶，还有我的孩子们和孙子们。特别要感谢的是我们的表亲克里斯（Chris）、苏珊（Susan）和辛西娅·常（Cynthia Chang），他们在新加坡为我们提供了住处，并总是乐于带我探访当地的自然保护区，让我得以放松心灵，并欣喜地观察到了许多你在本书中看到的蝴蝶。

此书献给罗伊斯，愿他将来长大成人，身体强健之时，能以愉悦的心情翻阅这本书。

摄影师致谢

衷心感谢我的父母罗丝（Rose）和理查德·马伦特（Richard Marent），他们始终如一地支持着我，并且深刻理解我从小就对拍摄和饲养蝴蝶与飞蛾这一既耗时又费力的爱好所倾注的满腔热情。

此外，我还要特别感谢我的朋友大卫·韦勒（David Weiller）和卢卡斯·施瓦布（Lukas Schwab），他们陪伴我一起在瑞士及世界各地踏上了多次难忘的旅程（进行拍摄）。没有他们的陪伴与鼎力支持，这本书的完成将无从谈起。

最后，我要向罗纳德·奥伦斯坦（Ron Orenstein）和迈克尔·莫兰（Michael Mouland）致以诚挚的谢意，感谢他们为这本书所作出的卓越贡献。